生态环境发展与废水监测技术

孙 辉 张兆厚 李书良 著

吉林科学技术出版社

图书在版编目（CIP）数据

生态环境发展与废水监测技术 / 孙辉，张兆厚，李
书良著． -- 长春：吉林科学技术出版社，2023.3
ISBN 978-7-5744-0198-3

Ⅰ．①生… Ⅱ．①孙… ②张… ③李… Ⅲ．①生态环
境建设－研究－中国②废水监测－研究－中国 Ⅳ．
① X321.2 ② X832

中国国家版本馆 CIP 数据核字（2023）第 064491 号

生态环境发展与废水监测技术

著　　者	孙　辉　张兆厚　李书良
出 版 人	宛　霞
责任编辑	赵维春
封面设计	树人教育
制　　版	树人教育
幅面尺寸	185mm×260mm
开　　本	16
字　　数	240 千字
印　　张	10.875
版　　次	2023 年 3 月第 1 版
印　　次	2023 年 3 月第 1 次印刷
出　　版	吉林科学技术出版社
发　　行	吉林科学技术出版社
地　　址	长春市南关区福祉大路 5788 号出版大厦 A 座
邮　　编	130118

发行部电话 / 传真　0431—81629529　　　81629530　　　81629531
　　　　　　　　　　81629532　　　81629533　　　81629534

储运部电话　0431—86059116

编辑部电话　0431—81629520

印　　刷	廊坊市广阳区九洲印刷厂
书　　号	ISBN 978-7-5744-0198-3
定　　价	75.00 元

前　言

人类只有一个地球。

与西方国家一样，环境问题和经济发展这对孪生子，随着我国工业化和城市化的进程，也已在我国诞生。

西方发达国家在经济发展道路上曾经历了曲折而又痛苦的过程。由于在工业化进程中未能协调环境保护和经济发展的关系，形成了多种不可持续的生产方式和经营活动。欧洲、美洲等地区曾经拥有过的绚丽多彩的自然资源和人类遗产，已经消失殆尽。那种迷人的风光、宜人的环境，只存在于前人的文字和那一幅幅让人惊叹的油画之中了。工业发展的后果，导致今天的人类遭遇到了祖先从未遇到的、人类没有对策的问题——严重的、大范围的环境问题。全球气候快速变化引发的新的疾病、生态问题，已经成为了社会发展的严重阻碍。为了解决这些问题，人类又不得不投入大量的人力财力去试图改善和恢复环境。

环境问题已经唤醒了人类对生存的普遍危机感，从政府到民众，正在把一个无奈的事实变成一个自觉的行动。

我们应如何协调发展与环境的关系（今后发展的基础），从本质上说，应该是如何协调目前发展与将来发展之间的矛盾。

发展的投入，除可见的财力物力投入外，环境的代价应该说是更大的投入，是今后发展的基础的投入。

如何衡量当前在经济发展中的得失，如何避免在高速发展经济的同时，不再背上一个改善环境的新包袱。如何避免这种生态悲剧重演，是我们不可回避的问题。

目 录

第一章　绪论

第一节　环境问题与生态学

一、环境问题与环境危机

人类所依赖的自然环境在退化。在对征服太空所取得的成功而自豪的同时，人类经历了两个多世纪的工业化过程后，却仍不知道如何管理自身的地球生存环境。在人类社会跨入 21 世纪时，许多宝贵的资源已过度地损耗，并制造和排放了大量污染物，人类赖以生存的基本条件受到严重的破坏。国际上关注的焦点，即全球气候变化、臭氧层的破裂、生物多样性锐减，以及危及人们生活的耕地减少、土地退化、水土流失和荒漠化等，都已成为跨越地区和国界的全球性环境问题，如此发展下去将无法保证当代人和后代子孙的生存和繁衍。

环境问题可分为原生环境问题和次生环境问题。原生环境问题又称第一环境问题，是由于各种自然过程或自然灾害所引发的，如火山喷发、台风暴雨、龙卷风、冰雹、地震、海啸、山崩泥流、海洋异常等造成的环境破坏或污染。我们这里所研究的环境问题，是指次生环境问题，又称第二环境问题，其可分两类：一是由于人类不合理地开发和利用自然环境和资源，使环境受到破坏，称为生态破坏或环境破坏，如过度放牧引起草原退化、毁林开荒造成水土流失和沙漠化等；另一是城市化和工农业高速发展而引起的环境污染。

各种环境问题是环境危机的表现形式和直接后果。环境危机或生态危机是指由于人类盲目活动而导致局部地区甚至整个生物圈结构和功能的失衡，从而威胁到人类的生存。而全球的环境危机又是四个主要方面所造成的后果：①人口的快速增长；②污染；③资源的过度消耗；④"土地观"的退化。

1980 年的世界人口为 42 亿，在进入 21 世纪后，世界人口将超过 60 亿。人口的急剧增长，给地球的未来蒙上了一层阴影，因为这是地球环境危机的潜在原因。人口的增长会带来各种类型的环境污染；还会加快自然资源的衰竭过程，而现有的一些资源已经出现短缺或质量退化。人口的急速增长还将相应地增加了环境保护工作的紧迫性和复杂性。

世界上最富裕的国家，大多是高度工业化的国家，同时也是排出污染物种类和数量最多的国家。使湖泊和河溪受到污染的是污水、工业废弃物、放射性物质、热、清洁剂、农业化肥和杀虫剂等。随意和无节制地使用杀虫剂已经污染到整个食物链，造成所有的动物受到影响,人类也不例外。例如,每个人的人体组织中就可能含有微量(10μg/g)的DDT,这些微量的有毒物质对人体将长期有害。研究表明,动物体内含7μg/g浓度就会对心脏和肝功能产生有害的影响,较高的浓度则会干扰生殖过程,产生有害的突变并致癌。许多有毒气体,如一氧化碳、二氧化硫、氮氧化物、碳氢化合物等,源源不断排放到大气中去,其中大多数已知能导致呼吸道疾病。能量供应中对核燃料的依赖已经导致高度放射性废物的大量积累,从而对人体以及在地球上生活了数千年的其他生物造成威胁。历史上曾经宁静的城市环境现已由于日益增多的汽车、摩托车等,而变得嘈杂不堪。

工业化国家正以惊人的速度消耗非再生资源。美国是世界上原料消耗最多的国家,而且,自第一次世界大战以来的短时期内,美国所消耗的主要资源比以往全人类在历史上所消耗的还要多。美国人在衣、食、住、行、游乐等方面是世界上消费最过量的,他们对汽车、别墅、彩电、洗碗机、空调、高尔夫球场、电动割草机、泳池、快艇等等的大量消费并不一定是生活所必须。为了快速便捷而使用高辛烷值的汽车汽油,从而把成千上万吨的铅喷射到大气中去。毫无疑问,一个富裕社会中高的消费需求量,如不明智地使用稀有资源或增加污染,会对我们生存的环境质量产生影响。

对土地不合理地开发利用,造成土地资源的减少、土地生产力的下降、沙漠化、土壤侵蚀和水土流失等生态环境问题。随着城市化过程,世界上数以亿计的人从农村环境迁移到城市环境中生活。城市隔绝了人们与土地的直接联系。现代人已不再像古代人那样敬重和热爱土地,而是经常忽视或轻视它。

二、生态学

(一)生态学的概念

生态学是研究生物与环境之间相互关系的科学。环境由两方面结合而成,一是物理环境,如温度、可利用水分、光照、土壤等;另一是其他生物所施加的任何影响,即生物环境,如竞争、捕食、寄生和互利合作等。

德国生物学家海克尔(E.Haeckel)首次提出生态学这一名词,并于1886年创立生态学这门学科。生态学的英文名称Ecology来源于希腊文Oikos+logos。Oikos意为住所,而logos意为研究,两者结合起来的意思是生物栖息场所的研究。

Ecology与Econ0my(经济学)的词根不仅相同,两者确实也有相同的含义。最早的经济学可以理解为"家庭"管理的科学,而生态学可以看作研究自然界的经济学,是管理自然的科学,也可称作生物经济学(Bion0mics)。生态学与国民经济的关系由此可见。

传统的生态学是生物学的一个重要分支。一般而言,生物学主要分为三大分支:形态学研究生物的形态结构;生理学研究生物的生理功能;生态学研究生物在环境中如何生活。

生态学在发展过程中,不仅吸收了各种自然科学,如物理、化学、数学、地理、气象、海洋、湖泊、动植物等学科,以及工农业生产的应用学科的有关知识,成为一门综合性的边缘学科,而且还吸取经济、法律、社会学等有关社会科学知识，以解决有关生态或环境问题。因此，生态学已成为自然科学与社会科学的桥梁。

生态学有许多研究领域。例如，行为生态学关注的是动物行为规律，生理生态学是研究生物个体的生理过程及与生物功能和行为的关系，进化生态学则特别强调生物的进化对现有特征的影响。生态学的最新发展是运用分子生物学来直接解决生态学问题，从而产生了分子生态学。

生态学研究并不局限于自然系统，人类活动对自然界的影响和人工环境（如农田和城市）的生态学也是重要的研究领域。

（二）生态学的分支

从研究范围或尺度来看，生态学的研究对象从单个分子到整个地球生物圈。但特别重要的领域分为四个层次：个体、种群、群落和生态系统。在生物个体水平，个体对其环境（生物环境和非生物环境）的反应是关键的问题，而在单个物种构成的种群水平，对种群丰富度和种群波动的影响因素是

主要的研究课题。在一定的空间范围内，由不同物种构成多个种群集合成为生物群落，因此，群落层次的生态学研究是确定群落的结构和功能。在由生物群落和非生物环境所构成的生态系统水平上，能量流动、食物网和养分循环是主要的研究课题。

必须指出，种群、群落和生态系统常常会引来误解。因为，要清楚地划分种群的边界往往是不可能的，对群落和生态系统也是如此。从某种程度上来说，这些术语只不过是在对自然界分类时的简化，以便于我们研究。

按照生物类群划分，生态学分为：动物生态学、植物生态学、微生物生态学、昆虫生态学、鸟类生态学、鱼类生态学及兽类生态学等。

按生物栖息地环境划分，生态学的分支有陆地生态学和水域生态学两大类。前者包括森林生态学、草原生态学、沙漠生态学、农田生态学、城市生态学等；后者包括海洋生态学、淡水生态学等。此外，还有研究介于陆地和水域之间的湿地生态学。

生态学与其他学科相互渗透而形成许多边缘学科，如数学生态学、化学生态学、生理生态学、经济生态学、进化生态学、行为生态学、系统生态学、人类生态学、城市生态学、景观生态学、全球生态学等。

还可按生态学的应用方向或领域来划分，可分为农业生态学、森林生态学、渔业生态学、环境生态学、污染生态学、自然保护生态学、放射生态学、人口生态学、城市生态学、生态工程学等。

随着科学技术的发展和研究的深入，生态学原来所涉及的四个层次，即个体—种群—群落—生态系统已被突破，而向微观与宏观方面两极发展，进行不同层次与尺度间的综合与系列化研究：

——个体生态学的研究已深入到细胞与基因的水平。关于光合作用与蒸腾作用的生理生

态研究,以及逆境生态学即抗旱、抗寒与耐盐碱的生理生态机制都必须深入到细胞和分子水平的过程与作用才能得到阐明。

——生态系统结构与功能的研究,尤其是系统中的能流转换与物质循环过程的研究乃是现代生态学研究的基本核心,也将生态系统和群落层次与细胞结构与生理过程结合起来开展研究。

——由于环境科学的发展与需要,生态学的层次在宏观上向生物圈的水平扩展,即生物群落与环境条件的统一,发展为生物圈与岩石圈、水圈和大气圈之间相互作用的地球系统,即全球生态学。宇宙生态学基本上还是一个概念,但是空间生态学已成为迅速发展的学科分支。在宇航学,尤其是在宇宙飞船建造与宇宙空间站的设计中,研究再现某些自然循环(如水的局部回收)与建立某些食物回路(人→ CO_2 →植物性食物与 O_2 →人)的可能性,不仅对人在外层空间的生存是必要的任务,而且对于地球上的生态实践也具有极其重要的意义,有助于合理地、最节约地利用地球的自然资源,并使其再生产,从而最大限度地免除生态与资源危机的发生。

(三)生态学与环境科学的关系

生态学是环境科学的理论基础之一。环境学是以人类为中心,研究人类与环境关系的科学,它以人与环境的矛盾为研究对象。而生态学是以生物为中心,研究生物与环境的关系。因此,环境学也可称为人类社会生态学,生态学也可称为生物生态学。只是前者比后者的范围更加广泛,它不仅涉及自然因素,也在一定程度上涉及经济、技术和社会因素,因为环境学把人类生活与环境的相互影响作为一个整体来研究,从而和社会科学发生密切关系。但生态学对环境学的产生和发展起着基础和极其重要的作用。近代环境科学的崛起和生态学的发展是不能分割的,环境科学已产生许多分支学科,如环境化学、环境生物学、环境地学、环境经济学、环境物理学等。生态学的基本原理同样可以应用于环境学,并作为环境学的基本理论来研究人类生存、发展与环境的相互关系。

生态学与环境科学的关系,有人比喻好似物理学与工程学的关系。在工程设计中,如建一座桥梁、一个机场,都要利用物理学定律,而改变一个环境,都要涉及生态学原理。

三、生态学与环境问题

传统的生态学只是生物学的一个分支学科,以往只有生物学工作者才熟悉它、研究它。近几十年来,由于人类面临环境、人口、资源等关系到人类自身生存和发展的许多重大问题,而这些问题的解决,必须依赖于生态学原理,因此,生态学一跃成为世人瞩目的科学。

生态学对人类的重要性,不仅表现在人类为了自身的生存发展,要合理利用动植物资源而需要研究动植物生态学,而且也因为人类有责任维护人类赖以生存的星球,需要以生态学来调整人类、资源和环境的关系。

现代生态学已从认识自然规律走向管理自然资源,或从纯自然科学走向关心人类未来,导致了生态学时代的到来。随着环境问题的产生和发展，人类赖以生存的环境日益受到全社会的关注，人们的环境意识也不断地增强。环境恶化、资源短缺、人口膨胀等现实问题，使生态学被认为是可以提供解决这些重大问题的具体方案的科学，各国政府对生态学有了新的认识。早在1972年，联合国人类与环境会议就向人类敲响了警钟，发出了"人类只有一个地球"的呼吁。1987年的联合国第42届大会确认，生态学原理是世界经济持续发展的理论基础。1992年6月，在巴西里约热内卢召开的联合国环境与发展大会，各国政府就世界范围的可持续发展问题达成了广泛共识。"可持续发展"的概念是从生态学角度提出来的，或者至少是在生态学思想影响下提出来的，是人类求生存的一种发展战略，生态学成为了关系人类未来的科学。

当今时代正处在一场新的技术革命时期。知识及其载体——信息是这一时期推动技术发展的主要动力，因而被称为"信息革命"。它所经历的时代和所代表的社会包文化分别被称为"信息社会""信息文化"。在这一社会中起决定作用的不是资本和劳动力，而是智力和信息。信息将成为生产力、竞争力、经济发展和技术成就的关键因素。这一时代的技术标志是微电子技术与计算机的迅速发展和广泛应用。而"未来性"和"生态性"是这一新时代的鲜明特征，这是由信息的预测、模拟和反馈等功能所决定的。

从人类社会的发展史来看，在农业社会时，人们习惯上注重过去，根据老经验春耕夏耘，秋收冬藏。进入工业社会后，人们急功近利、着重眼前，造成人与自然关系失调，环境问题突出。在信息社会，人们注意的是未来，强调人与自然界的新型关系，寻求新的、完美的、稳定和持续发展的社会—经济—自然的平衡态，因而具有强烈的"生态性"。尤其是当今世界上随着工业化的膨胀扩展而带来的全球生态、资源与环境问题：荒漠化、森林滥伐、生物种大量灭绝、人口剧增、水资源匮缺、可更新资源枯竭、环境污染与温室效应等日益严重地腐蚀着我们的星球，威胁着生物圈和人类社会的生存和发展。这些问题的产生，是由于社会生产的规模与强度，以及人类对生物圈的干涉、利用与破坏已经超过了地球的自然过程，超过了生物的繁殖力与周期。人类造成的污染已经凌驾于地球的恢复与再生能力之上，达到了对生物圈开发的临界点。人类社会已经达到这样一个转折点，即我们再也不能无限制地依赖和消耗自然资源，地球系统已经不能再继续忍受人类的破坏和工业污染的侵袭。大自然可怕的报复已经显示出来。这一切引起了人们对生态学的严重关注。

生态学原理最先应用于特定资源（水、土、森林、野生动物、鱼、作物等）的管理，以及病虫害的防治。以后，应用的领域不断扩大，特别是生态系统理论的应用表现在空气和水循环的整体性、食物链、全球污染、人类活动及其对未来的控制和管理等方面。

从历史上看，人们对环境的关心主要表现在环境对人的影响。在20世纪初，环境论者是指关心自然环境怎样影响社会活动及社会发展方式的人。仅仅最近几十年来，公众和环境论者才越来越多地关注人类活动怎样影响自然环境。关于人与环境的关系，许多学者或环境论者认同下面三个方面的观点。

一是自然资源的价值在于被人们利用，但利用过程中要保证高效和无污染废物。环境保护主要关注的是避免自然资源的浪费，确保资源的有效利用。如平肖特（G.Pinchot）的保护自然环境的三原则认为，"自然保护立足于防止浪费"；"保护自然的第一条原则是开发，即利用大陆上的自然资源，造福于居住在这里的人们"；"必须为多数人的利益，而不只是为少数人的利润开发和保护自然资源"。在美国，自然保护运动的领导者们主张，受过地质学、林学和水文学等专业训练的技术人员在自然资源的管理和规划中应起关键作用。20 世纪中叶，经济学家们在有效地利用自然资源方面持有与平肖特一致的观点。经济学强调的是经济效率。在过去数十年中，环境学与经济学结合产生了环境经济学。许多环境经济学家认为，废物排放量的多少，应该由生产的经济效益和费用来决定。

二是从美学、宗教和伦理上去理解人与环境的关系，要求对影响环境的人类活动有所限制。例如，非人类生物和自然物有存在的权利，这种观点虽然已不是西方道德观或法律的主流，但仍不时地出现。生态学家利奥波得提倡的道德观就与植物和动物有生存权利的观点有关，在他看来，道德不只适用于人，还应扩充到包括"生物群落"的其他成员：土壤、水体、植物和动物；"当事物有助于保持生物群落的完整、稳定和美观时，它就是正确的，否则，就是错误的"。决策者在做出关系到影响环境的决策时，就必须正视植物、动物和其他自然物是否有权利的问题。

三是人类活动中的不谨慎行为可能导致自然系统不可逆转的变化，甚至产生灾难性的影响。曾有学者指出，人类活动对环境会产生有害的影响，以至于可能危及地球保障人类生存的能力。生态学家主张人与自然之间保持协调，这与维持自然系统的完整性是相联系的。保持人类与自然协调受生态学制约。利奥波得通过生态学研究，认为文明并不意味着人类对稳定和恒久的地球的一种奴役关系，而土地的协调关系对文明更为重要；它是一种自然状态，即人类、其他动物、植物和土地之间是一种互相依存的合作关系，在任何时候，只要他们中间任何一方发生问题，这种关系都可以遭受破坏。

自 20 世纪 40 年代以来，随着科学技术的进步，人类征服大自然的能力增强，但伴随着的却是人类对自然系统的破坏能力也在增强。第二次世界大战后，出现了大量的放射性物质、合成的有机化学制品等新的物质，其中许多是持久性的，不能迅速衰变或分解成较简单的低害物质。为此，科学家们要求对人类活动加以约束。R. 卡逊在《寂静的春天》一书中对环境破坏的严重性提出了警告：农药等人工合成化学制品毁灭了所有的鸟儿和其他动物，春天来临时，一切都处于静默状态。

对环境污染进行分类，广泛使用的分类方法是，按照环境要素的不同，分为空气污染、水体污染、土壤污染等；或按照污染物种类分类，如铅、二氧化硫、一氧化碳、固体废物等。如果按照生态系统的观点，即从系统整体上污染物的动态，可将污染分两种基本类型。

第一类是非降解性污染物，即重金属和有毒物，如铝罐、汞盐、苯酚、滴滴涕等。这些污染物在自然环境中不可降解或只能非常缓慢地分解。因此，它们在生态系统中不断积累，沿着食物链不断地增加浓度。消除这种污染的有效办法是避免或控制输入到环境中，或制止这类物质的生产。

第二类是可降解的污染物,如生活垃圾、热污染等。这些污染物能通过自然过程中生物的作用很快地分解,或在机械系统中分解(如城市垃圾处理厂)。但当输入到环境中的数量超过自然分解能力时,需要经机械和生物处理结合的方法来解决。

20世纪的许多生态学家和关注环境问题的学者达成如下共识:单独依靠技术不能解决人口和污染的困境,只有整个人类和全部公众觉醒到人类和自然景观是一个整体,从而提出道德、经济和法律的制约措施,才会是有效的。因此,未来和应用生态学将有一部分侧重于自然科学,另一部分则侧重于社会科学。现代生态学已从一个单纯描述生物与环境关系的自然科学渗透到社会和人文科学——经济、历史、哲学、政治与伦理道德等各个方面。"生态意识"逐渐成为全民道德观与世界观的要素。如麦克哈格在其经典著作《符合自然的设计》(Design With Nature)概括了如何按生态学方式进行城市规划。了解和掌握一些基本的生态学概念和规律有助于深刻认识环境问题,以及环境和资源保护相关的对策、政策和法规的制订。

正如奥德姆(E.P.Odum, 1986)所指出的"生态学不仅是生物学的一个分支,而且是一门新学科—它将人对自然依存关系中的全部生物科学、物理科学和社会科学的内容综合在一起 J生态学作为维持地球这个生命支撑系统所必须遵循的法则和途径,是人类社会与生物圈稳定与持续发展的理论基础。因而它是信息文化的核心组成部分。另一方面,信息科学在理论与技术给生态学注入了新鲜血液,显示了旺盛的生命力,信息论和电子计算机技术成为现代生态学发展的巨大动力。

二次世界大战后,随着人口的增长、经济的发展、资源的紧缺和环境污染问题的日趋严重,促进了生态学的发展。一些发达国家相继加强了生态学的研究工作,在各单项研究深入的同时,还积极开展了较大规模的综合研究项目。20世纪60~80年代,相继有比利时的Virelles计划(The Belgian Virelles Project)、英国的Meathop木材计划(The English Meathop Wood Project)、美国的LTER项目(Long-term Ecological Research)、原联邦德国的Solling计划(The West-German Soiling Project)以及瑞典的SWECON (Swedish Coniferous Project)等。这些项目所获得的丰硕成果,不仅发展了生态学的理论和方法,而且给有关地区、国家甚至全球的环境管理、合理经营资源和产业发展决策提供了极为重要的科学依据。

第二节　环境生态学的研究内容

一、环境生态学的概念

环境生态学是生态学与环境科学的交叉学科。由于环境生态学是一门新兴的边缘学科,有关它的定义和研究对象,还存在不同的观点和看法。有的学者认为环境生态学"主要研究污染物在以人类为中心的各个生态系统中的扩散、分配和富集过程等消长规律,以便对环境质量做出科学评价。"实际上,人为干扰下所出现的环境问题不只是污染问题。环境质量的科学评价也不能仅限于污染与否,这在以后的章节中将会有详细的阐述。

传统生态学偏重于研究生物与自然因素之间的关系。随着科学技术的进步和大规模的生产活动,人类干预生物与环境的过程,不论从规模还是速度上都远远超过自然过程。现代生态学重视研究人类活动影响下的生物与环境的关系,以求避免环境对人类生产和生活造成不利的影响,并使其向着有利于人类的方向发展变化。

因此,从生态学的发展和环境问题的形成上来看,广义上,环境生态学是研究在人类活动的影响下,生物与环境之间的相互关系的科学。具体来说,环境生态学注重从整体和系统的角度,研究在人为干扰下,生态系统结构和功能的变化规律,以及因此而对人类的影响,并寻求因人类活动影响而受损的生态系统恢复、重建和保护的生态学对策。它的任务重点在于运用生态学的原理,阐明人类活动对环境的影响,以及解决环境问题的生态学途径,保护、恢复和重建各类生态系统,以满足人类生存与发展需要。

环境生物学是研究生物与受干扰的环境之间相互关系的科学。与环境生物学比较,在研究人为干扰下生物与环境相互关系方面,环境生态学更加注重从整体上去研究生态系统结构和功能变化机制和规律,而环境生物学则深入到具体组分。例如,通过基因重组构建的基因工程菌,在降解污染物中的机制及其降解动力学研究,是环境生物学中环境生物技术目前主要的研究内容之一,而这在生态学或环境生态学中一般不会涉及。环境生物学在研究生物监测和生物评价的理论和方法上,以污染物在环境中的迁移、转化和积累的生物学规律以及对生物的影响和危害为基础,选择生物指标。而环境生态学的生态监测和生态评价中,注重选择生态系统结构和功能指标。环境生态学与环境生物学都以生态学作为理论基础,在研究领域上有某些重叠,有时难以划清界线,特别是在自然保护和恢复生态学方面,两者都有许多共同之处。

二、环境生态学的研究内容

(一)人为干扰下生态系统结构和功能变化规律

自然生态系统在受到人类活动的干扰后,结构和功能方面将会出现一系列的变化和反应。在恢复生态学方面,主要研究各类生态系统受损后的危害效应及方式,生态系统的退化机制,物种的进入和生长及群落聚集过程中的限制因素,群落结构和过程与生态系统功能特征(如生产力、养分循环或污染物的降解和释放)之间的关系等,制订退化生态系统的恢复方案,以恢复和重建退化生态系统。

(二)生态系统因人类活动而受损的生态学指标

生态监测和环境质量评价的生态方法。

（三）生态系统保护的理论与方法

研究各类生态系统的保护对策和生态规划方法。在自然保护生态学中，主要研究珍稀濒危物种及其栖息地保护、生物多样性（特别是生态系统多样性）的保护、自然保护区的建立，以及科学管理和合理保护自然资源。

（四）解决环境问题的生态学途径

采用生态学方法来治理环境污染和解决生态破坏问题，并为生态工程提供理论和技术基础。

第三节　环境生态学的产生和发展

环境生态学的产生和发展是与环境问题产生以及人们对环境问题认识的深化密切相关的。

一般认为，环境生态学是 20 世纪 60 年代正式形成。在 1950~1960 年，由于工农业生产的飞速发展，环境污染日益加重，发生了几次重大的环境污染事件。美国海洋生物学家 R. 卡尔逊《寂静的春天》一书的发展，标志着环境生态学的诞生。此书虽以科普著作的形式问世，但使人们对污染危害造成的环境问题的认识得到深化。这部著作以杀虫剂大量使用造成的污染危害为基本素材，通过大量的事实指出了环境问题产生的根源，阐述了人类同大气、海洋、河流、土壤及生物之间的密切关系。

与此同时，人们认识到人类对自然资源不合理开发和利用造成的生态破坏问题也直接关系到人类的切身利益。1970 年联合国教科文组织（UNESCO）建立了"人和生物圈"（MAB）研究计划，力求探寻合理利用和保护生物圈资源的科学基础，以改善人与环境的关系，这项研究又为环境生态学增添了新的内容。

从生态系统的角度来看，人类面临挑战的许多环境问题，实质上是生态学问题，人类社会要预测并缓解人类活动所造成的各种后果，那么对各种复杂问题的生态学认识就显得更为重要。从理论上研究人类活动的影响下，生物与环境之间的相互关系是生态学迫切需要研究的领域。环境生态学因此应运而生。

自 20 世纪 80 年代以来，全球气候变暖、生物多样性锐减、生态系统退化等新的环境问题不断产生，人们越来越深刻认识到如果要解决各种环境问题，就要在理解基本的生态学原理方面取得进展，即对生态系统结构、功能和弹性的理解。1987 年 B. 福尔德曼发表了第一部详细的综合教科书《环境生态学》，副题为"污染和其他压力对生态系统结构和功能的影响"，书中主要内容包括空气污染、有毒元素、酸化、森林衰减、油污染、淡水富营养化和杀虫剂等。该书的出版标志着环境生态学的框架已经基本形成，从而对环境生态学的发展起到了积极的推动作用。

　　20 世纪 70 年代后，在受干扰和受害生态系统的恢复和重建的理论和实际应用研究方面取得了一些成果，还召开过一些国际性学术讨论会，出版了许多理论专著。如 1972 年巴巴拉·沃德的《只有一个地球》一书中，从人口增长过快、滥用资源、工业技术影响、发展不平衡、世界范围的城市化困境等诸方面探讨了环境问题的产生；从发展与维持环境的关系处理不当，揭示了人类环境污染和破坏以及全球生态系统损害的原因。CarinS 等在 1980 年出版了《受害生态系统的恢复过程》一书，书中广泛探讨了受害生态系统恢复过程中的重要生态学理论和应用问题。我国自 70 年代之后，在区域生态环境破坏的历史分析、区域生态环境质量评价、生态系统稳定性的维护和受害生态系统的恢复、重建等领域也开展了大量工作，并取得了非常可喜的成果，特别是在生态工程的理论和应用方面，更是取得了举世瞩目的成绩，同时在一些研究领域处于世界领先水平。

　　随着科学的发展，与人类生存密切相关的许多环境问题都成为了生态学学科发展中的热点问题，这极大地促进了环境生态学的发展。环境生态学的研究内容和任务体现了当今和未来人类社会发展对生态学的需要。1991 年美国生态学会率先提出了"创立可持续生物圈的倡议：一份生态学研究议程"（SBI）。国际生态学会亦提出了"持续的生物圈：全球的号令。"生态学迎接环境变化挑战中的进展将为环境科学和技术的发展提供理论基础。美国国家环保局（EPA）提出了环境保护生态学研究战略，确定了六个新的方向：环境监测与评价（危险鉴别）、生态暴露评价、生态效应、生态风险特征、生态系统的恢复与管理和风险资料报道。这六个新方向部分说明了环境生态学的发展方向，主要表现在宏观研究领域，研究对象从生物个体、种群、群落转移到生态系统和景观水平上；过去根据单一污染物对单种生物的影响难以客观评价污染物的整体生态效应和生态风险，因此，迫切需要建立和发展在生态系统水平上评价生态效应及预测模型；如何判定一个生态系统是否受到人为干扰的损害及其程度、受害生态系统结构和功能变化有何共同特征等，或者是受害生态系统特征及"生态学诊断"的标准和方法的探讨。同时，生物资源保护的重点将是生态系统多样性保护，由建立自然保护区发展到生物圈保护区；从生态系统水平上开展退化生境和受损生态系统的恢复和重建，近年人们更加注意土地、湿地、湖泊、河流的生态修复与重建工作。

第二章　生态系统

生态系统（ecosystem）是生态学中最重要的概念。英国生态学会成立75周年纪念会上，切里特（Cherrett，1989）总结了向全世界生态学家函调结果："生态系统"概念获得评价最高，往后依次为演替、能流、资源保护、竞争、生态位、物质循环等。20世纪20年代，沃特里克（Woltereck）提出生态系统一词，而明确提出生态系统概念的是英国学者坦斯利（A.G.Tansley，1935）。60年代以来，生态系统研究成为生态学研究的前沿。国际生态学计划（IBPI969~1974）的实施是生态系统大规模研究开始的标志，改变了生态学研究的主流。生态系统研究实际上已成为当代生态学研究的中心，其核心问题是生态系统的结构、功能及调节机制。

第一节　生态系统的概念和组成成分

一、生态系统的概念

生态系统是一般系统的一种特殊形态，是具有一定相互关系的各个部分的集合体。所谓系统，就是由相互作用、相互联系和相互依赖的若干组成部分结合而成的具有特定功能的有机整体。要构成一个系统，必须具备三个条件：系统是由一些要素组成的。要素即系统的组成成分，生态系统就是由许多生物成分和非生物成分组成的特殊系统。②要素之间要相互联系、相互作用、相互制约，按照一定的方式结合成一个整体，才能成为系统。生态系统是各种生物成分和非生物成分相互联系和相互影响，并按一定的结构方式组合而成，并不是杂乱无序的。③必须具有整体功能，即各个组成部分通过相互联系和相互作用产生与各个部分不同的新功能。

生态系统可定义为：在一定的地域内由全部生物和物理环境相互作用的统一体。生态系统具有一定的营养结构、生物多样性等系统的结构特征，以及生物生产、物质循环、能量流动和信息传递等系统功能。生态系统的边界依具体研究情况而定，因此其范围可大可小，大到整个地球生物圈、陆地或海洋，小到一块农田、一片草地、一个池塘或一片森林，甚至可以小到动物体内消化道中的微生物系统。例如，研究核降尘、杀虫剂残留、酸雨、全球气候变化对生态系统的影响等，其空间尺度变化很大，可能相差若干数量级。

生态系统是一种开放系统，其中某些部分是有生命的。在这个系统内，太阳能、降水等输入系统,而水、无机养分、有机物质和能量往外输出。如在一片人工经营的森林生态系统内,木材、动物、水、风景和旅游价值是可供人们利用的输出物。

二、生态系统的组成成分

生态系统包括生物和非生物环境两大部分,而生物部分则是由生产者、消费者、还原者所组成的。

1. 非生物环境

非生物环境主要指光、热、水、土、大气、岩石及非生命的有机物质等,即由物质和能量两部分构成,其中物质分为无机物质和有机物质。非生物环境是生态系统中各种生物赖以存在的基础。

2. 生产者

生产者是生态系统中的自养生物,主要是绿色植物,同时也包括进行光合作用和化学能合成的某些细菌。绿色植物和光能合成细菌通过光合作用,将二氧化碳、水和无机盐类或将二氧化碳、硫化物、分子氢等合成为有机物质,并把太阳能转变为化学能贮存在有机物质中。化学能合成细菌则不利用太阳光能,而是靠氧化无机化合物取得能量后,将二氧化碳和水合成为有机物质。绿色植物和某些细菌称之为生产者,是因为它们生产的有机物质是自身和其他生物生命活动的食物和能源。农田生态系统中生产者以农作物为主,森林生态系统中生产者以森林为主,湖泊和海洋生态系统中生产者以浮游植物,通常是藻类为主。

3. 消费者

消费者是生态系统中的异养生物,不能利用太阳光能和无机化合物中的能量,只能直接或间接地利用生产者所制造的有机物质如碳水化合物、脂肪和蛋白质获取能量,包括各种动物、寄生和腐生的菌类以及人类自身。其中动物可根据食性不同,区分为草食动物、肉食动物和杂食动物。草食动物是绿色植物的消费者,能利用植物体中有机物质的能量转换成自身的能量,如牛、羊、象、菜青虫、啮齿类等。肉食动物则取食其他动物,利用动物体中有机物质所含能量转换成肉食动物自身的能量,如狮、虎、鹰、鹫、狼、狐、蛇、蛙、蜘蛛和肉食昆虫等。杂食动物以植物和动物作为食物来源均可,并从中获取能量,如熊、狸、鲤鱼等。寄生动物寄生于其他动、植物体,靠吸取宿主营养为生,根据食性,寄生在植物体内可看成草食动物,寄生在动物体内可看成肉食动物。腐食动物以腐烂的动植物残体为食,是特殊的消费者,如蛆和秃鹰等动物。

4. 分解者

分解者又称还原者,也是生态系统中的异养生物,主要是微生物,如部分真菌和细菌,也包括某些原生动物及腐食性动物如吃枯木的甲虫、白蚁、蚯蚓和某些软体动物等。它们以动植物的残体和排泄物中的有机物质作为维持自身生命活动的食物能源,将这些有机物质分解为简单的无机物质,归还到非生物环境中,供生产者再吸收利用。动植物残体的分解是一个缓慢而复杂的过程，由多种分解者有机体协同完成。如在池塘生态系统中，先由蟹、软体动物和蠕虫把各类动植物遗体肢解成碎屑，再由某些真菌和细菌逐步把这些碎屑分解成无机物。

非生物环境、生产者和分解者，对于任何一个生态系统来说，都是必不可少的基本成分。假如没有非生物环境，则生产者没有光能来源和无机原料以及其他适宜的环境条件而无从生产，其他生物也就没有食物能源，因此就不可能存在任何形式的生命活动和各种生物。如果没有生产者，其他生物如消费者和分解者均不会存在，只可能是非生物环境的无机世界；如果没有分解者，死亡的有机体和排泄物在生态系统内不断积累，生产者最终因得不到所需的无机养分而消失，生态系统也就不能持续地运转和存在下去。动物作为消费者，虽然不是生态系统的必需成分，但对于生态系统的持续发展具有重要作用。如许多植物要靠昆虫传粉或靠其他动物传播种子；如果没有动物啃食，草原也会由于生长过盛从而导致衰退。

第二节　生态系统的基本结构

生态系统的结构是指生态系统中各组成成分相互联系的方式，包括物种的数目、种类、营养关系和空间关系等。生态系统中不论生物成分和非生物成分怎样复杂，而且其位置和作用各不相同，但却彼此紧密相连，构成一个统一的整体。生态系统的基本结构可区分为物种结构（生物多样性）、营养结构和时空结构。

一、物种多样性

物种多样性是指生态系统中种的组成的多样化，是描述生态系统结构和群落结构的方法之一。物种多样性与生境的特点和生态系统的稳定性是相联系的。生态学家已提出过多种多样性指数，来作为物种多样性的描述指标，如 Simpson 指数、Shannon-Wiever 指数、均匀度、优势度、种间相遇概率等，这些指标的数学表达式将在第四章详细讨论。多样性指数可同时反映群落中物种数目的变化以及种内个体分布格式的变化。例如，生态系统甲有 4 个植物种，100 个个体，其中 1 个种 97 个个体，其余 3 个种各有 1 个个体；与之相比，生态系统乙也有 4 个种，100 个个体，但 4 个种各有 25 个个体；从植物丰富度看，甲、乙两个生态系统相同，都是 4 个种，但甲的多样性指数比乙低。

生态系统组成成分之间存在一定的数量关系，如排列组合关系、数量比例关系等，这种关系是组成成分间相互作用而形成的。例如，自然生态系统中乔木、灌木和草本植物都有不同的数量和比例关系，只由一个树种组成的森林是单纯林，若无乔木则成为灌木林，若草本植物占优势则成为草原；森林生态系统中，如果乔木数量多、郁闭度大，那么，灌木和草本植物种类、数量所占比例就比较小。生态系统中各物种组成成分有着密切的联系，并相互作用和相互影响，这是使生态系统保持一个整体的重要原因。

二、生态系统的时空结构

时间结构是指由于时间变化而产生的生态系统的结构变化。时间上可以是一年四季的周期性变化，生物群落也随之发生结构上的变化，如森林生态系统中植物春季发芽，冬季落叶，昆虫休眠，鸟类迁移等。时间上也可以是生态系统不同的发展时期，如森林随时间推移，其优势树种将发生明显改变，从而引起整个森林组成的变化，即森林的演替。

空间结构是由生态系统各组成成分的空间分布或配置，包括各组成部分在空间上的规模、尺度、分布、排列以及相位关系的总和。如光、温度、水分、二氧化碳、氧、土壤等非生物因子的空间分布和关系，生物群落的水平结构（群落中各种群的水平配置格局或在水平方向的物种变化）和垂直结构（垂直分层）。例如，在森林生态系统中，乔木占据上层空间，灌木占据下层空间；鸟类在林冠上层，兽类在林地上；昆虫有的在林上，有的在林下，还有的则在土壤中。有关内容将在接下来两章中再做介绍。

三、生态系统的营养结构

生态系统中各种成分都是相互联系的，其中生物成分之间存在复杂的关系，这些关系将在后面章节中讨论（种间相互作用），这里只对生物之间的营养关系所构成的营养结构加以解释。营养结构可用食物链和食物网、营养级和生态金字塔来说明。

（一）食物链和食物网

自养生物（如绿色植物）将无机物质同化为有机物质（如蛋白质、碳水化合物等）。这些有机物又成为异养生物，即消费者的食物来源，然而每一消费者又依次成为另一消费者的食物来源。食物中含有能量，消费者摄取食物同时也就是获取能量的过程，因此生物之间存在着能量和食物的依存关系。这种生物之间基于取食和被取食关系，而形成的链状结构，称为食物链。如我们常说"大鱼吃小鱼，小鱼吃虾米，虾米吃泥巴"，说明了水体生态系统中的食物链：浮游植物（泥巴）→虾米→小鱼→大鱼。实际上，生态系统内生物之间的食物关系是很复杂的，食物链只是其中的一种简化形式。因为每一种植物可作为多种食草动物的食料，大多数食草动物又以多种植物为食，一种食草动物又可为多种肉食动物的食料。这说明在自然界中生物之间的取食与被食关系并非简单的一条链，而是很多条食物链彼此交错连接，形成网状结构，故用食物网描述生物之间的营养关系更为确切。

生态系统中有草牧食物链（捕食链）、腐生食物链（分解食物链），以及寄生食物链。草牧食物链组成成分是：绿色植物（初级生产者）、食草动物（二级生产者或初级消费者，如昆虫、啮齿和有蹄动物）、食肉动物（三级生产者或二级消费者，如蜘蛛、啄木鸟、杜鹃、喜鹊等鸟类，四级生产者或三级消费者，如鹰等）。腐生食物链包括土壤中的植物和动物，主要是真菌和细菌，利用死的植物和动物及其排泄物作为食物，从而分解有机物质，释放养分元素和能量返回环境，如动植物残体→真菌→细菌→蚯蚓。寄生食物链包含一些寄生的动植物，如蚊子、蚜蛾、寄生蜂、菌根菌等,在森林生态系统中有树叶→尺蠖→寄蝇→寄生蜂。

生物在食物网中的位置不是固定不变的,食物链也会因此而发生变化。动物个体发育的不同阶段,食物的改变就会引起食物链的变化,如蝌蚪主要以草为食,而青蛙则以肉食为主。动物食性的季节性特点,杂食性动物,或在不同的年份中由于生态系统中食物条件的改变而引起主要食物组成变化等,都能使食物网的结构发生变化,因此,食物链往往具有暂时的性质,食物链的变化会导致生态系统营养结构的改变,从而影响到生态系统的稳定性。通过海关检疫,避免病虫害的入侵,从而防止对本地或本国生态系统食物链和营养结构的破坏。一般地说,具有复杂食物网的生态系统,个别物种的消失,不至于引起生态系统的失调,但食物网简单的生态系统,个别物种,特别是关键物种的减少或消失,就可能引起整个生态系统的剧烈变化,以至崩溃。例如,构成苔原生态系统食物链基础的地衣,如果大气中二氧化硫含量超标,就会导致生产力严重衰退,从而使整个生态系统受到毁灭性破坏。

有毒物质一旦进入环境中,就能通过食物链逐步浓缩,危害人类和其他生物,这足以说明食物链、食物网以及物质流研究的理论和实践意义。有研究证明 DDT 如在水中浓度为 $5.0 \times 10^{-11} \mu g/g$,浮游生物则含 $4.0 \times 10^{-8} \mu g/gt$,蛤 $4.2 \times 10^{-7} \mu g/g$,银鸥达 $75.5 \times 10^{-6} \mu g/g$,扩大了百万倍,这个作用称为生物放大作用。食物链越长,积累的浓度就越大。

(二)生态金字塔

为了进一步描述生态系统的营养结构,可将生态系统中的生物种类按其营养关系分类,也就是说,将不同的生物归类于不同的营养级。例如,绿色植物和其他自养生物构成第一营养级,草食动物为第二营养级,一级肉食动物为第三营养级,二级肉食动物为第四营养级,依此类推。

从上一个营养级到下一个营养级,表面上是食物链上物质(食物)发生转移的过程,实质上是能量转移和转换过程。绿色植物是将太阳能贮存在有机物的化学能中,草食动物是利用取食的绿色植物有机物的能量,转移到自身机体的有机物中,肉食动物则利用草食动物的能量建造自身躯体。这种能量在生态系统各成分之间的转移过程可看作能量在生态系统中的流动,而能流的方向是单向的,通过各营养级的能量是逐渐减少的,其原因是:①各营养级的生物量不可能百分之百地被下一营养级的生物所利用,总有一部分会自然死亡和被分解者所利用;②各营养级的同化率也不是百分之百的,总有一部分成为排泄物后被分解者利用;③各营养级生物总是要消耗一部分能量,如保持体温和运动等,才能维持自身的生命活动,这一部分最后以热能的形式回到环境中去。

如果将生态系统中每个营养级生物的个体数量、生物量或能量,按营养级的顺序由低到高排列起来,绘成结构图,就会成为一个金字塔形,称为生态金字塔。可分为数量金字塔、生物量金字塔和能量金字塔。在生态系统中,生物体数量一般从第一营养级到最后营养级逐渐减少,如果每一营养级用一长方形框的长短表示该营养级的个体数目,逐级叠放起来构成一个数量金字塔(图 2-1a)。数量金字塔有时并不规则。如果绘制的金字塔中长方形的面积表示各营养级所有生物的生物量,一般呈正规的金字塔形,为生物量金字塔(图 2-lb)。但是在某些水生生态系统中,由于生产者(浮游植物)的个体很小,生活史短,因此在某一时刻调查的生物量,常低于较高营养级的生物量,生物量也会因此出现倒置。如果金字塔的矩形框面积表示各营养级所有生物体中有机物质的能量 [单位是 $kJ/(m^2 \cdot a)$],则成为能量金字塔,总是呈正金字塔形(图 2-lc)。

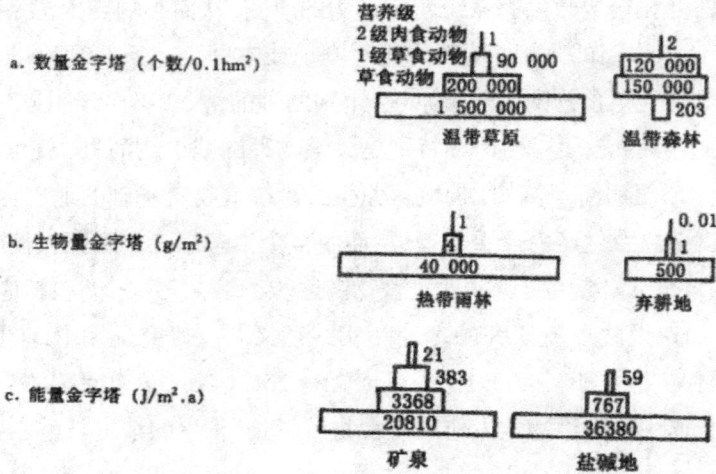

图 2-1 生态金字塔

第三节　生态系统的类型

地球生物圈由多种多样、大大小小的生态系统所组成。可根据各个生态系统的组成成分和结构特征对生态系统进行分类,如从气候、土壤、母质、动植物区系成分等生物因子和非生物因子的特点出发来划分不同的生态系统类型。依据生态系统受人为干扰程度的大小,可划分为自然生态系统、半自然生态系统和人工生态系统。原始森林、远洋深海、冻原带等人类难以到达的地方,属于自然生态系统,没有直接受到人类的干扰,能通过自我结构的调整来保持系统的相对稳定。人工林、城市、农田、工厂、载人宇宙飞船等生态系统完全按人的意志而创造,并为人所管理和控制,因此属于人工生态系统。天然放牧的草场、次生林、鱼塘等生态系统非人工创造,具有天然性质,但受人为管理或某种程度的人为干扰,属半自然生态系统。依据生境不同,生态系统可划分为水体生态系统、陆地生态系统和湿地生态系统。

一、水体生态系统

水体为地球水圈的重要组成部分,是以相对稳定的陆地为边界的天然水域,包括海洋水体和陆地水体。海洋水体由海和洋组成,陆地水体则包括河流、湖泊、堰塘、水库等地表水体,以及地下水体。水体生态系统就是把水体看作完整的生态系统,具有水的栖息地,包括水中的悬浮物质、溶解物质、底泥和水生生物等。

(一)淡水生态系统

与海洋和陆地生态系统相比,淡水生态系统只占地球表面较小的部分,但对人类同样具有重要的作用:一方面,它是生活和工农业生产用水的主要来源;另一方面,在水文循环中,淡水生态系统起着重要作用,同时,通过水体的自然净化效应,淡水生态系统对人类生存环境起着废物处理系统的作用。

1. 淡水环境

根据淡水栖息地或环境不同,又可分为静水生态系统和流水生态系统。静水栖息地包括湖泊、池塘、沼泽、水库等,流水栖息地则指江河、溪流等。这些不同的淡水栖息地在地球表面或彼此为邻,如水库与溪流、江河与湖泊,或者相互联系、相互作用,如沼泽、池塘、水库的蓄水能力对湖泊、江河水位具有很大影响。并且,地质变化和生物作用在湖泊淤积和河溪侵蚀过程中发挥着重要作用。例如,在河溪沿岸由于人类对植被的破坏,江河水流中泥沙增加,促进湖泊淤塞,而这个过程是由水的作用引起的。

淡水生态系统起限制作用的生态因子包括水体的温度和透明度、水流、溶解氧、生物盐等。由于水的比热和溶解潜热高、蒸发潜热大,水温变化幅度比气温小得多。但水生生物通常对水温具有较窄的适应性,故水体的温度及其变化也是一个重要的限制因子。从水面到一定深度的水体中存在一个绿色植物的光合作用带,当水中悬浮物质积累造成透明度减低时,由于透射的光照强度下降,光合作用受到影响。水流能调节溶解气体的数量、盐分浓度及小型生物的分布。溶解氧的浓度影响到水体中生物的呼吸,由于污染而引起水体中溶解氧减少会窒息鱼类和其他生物。限制水中生物种类的数量和分布的生物盐类有硝酸盐、磷酸盐和其他盐类。

溪流和江河随其长度和大小不同差异很大,并且在不同的区段具有不同的特征。一般地,越接近河流入海口,其结果水流速度降低,溶解氧减少;河流经过其流域时水量因累积而增加,河流能量变小,悬浮物质沉积,河床由细小的颗粒和淤泥构成;河床因大量的河水侵蚀出更宽的河道而变得平缓;人类活动的影响增加,很多河流流经农田和城市地区或工业区,从而汇集了来自农田的径流水、处理过的污水和其他水流,可能会增加河流有机物质含量,导致富营养化。

湖泊中无水流或水流很小,从而造成水体按温度和化学组成不同分成不同的层次,即垂直成层性。在表层是有光照的、温暖的湖水,不如下层无光照的、温度较低的湖水密度大,而密度的差异阻止了上下层的混合。往下深度每增加1m,湖水温度约下降1℃。当水温达到4℃时,水的密度最大,成为湖水底层。垂直水温梯度是湖水表层和底层交换的障碍。很深的湖泊,如东非的马拉维湖(706m深),垂直分层在数千年前就形成了,现在只在表层受到干扰,大约在100m以下是恒定不变的。在较浅的湖泊中,夏季表层水温变暖时期垂直层次静止不变,湖底的营养物质不能被较上层的浮游植物所利用,在夏末表层可能出现养分不足。秋天来临,表层湖水开始变凉,然后下沉,取代下层较温暖的湖水;从而,养分得到补充,氧随着上下湖水的循环混合进入水中,并受到风的作用。在冬季,由于温度低于4℃,表层湖水密度小于下层,湖水只在表层飘动。在春季,随着表层水温升高,上下湖水再一次交换,这时,整个水体养分和溶解氧充足,而随着季节的推移,成层性在不断加强。

2. 淡水生物群落

根据生活方式或生活习性,淡水生物群落可分为底栖、附生、浮游、自游和漂浮等五类生物。底栖生物生活在水体的底部,或者在水底沉积物中,如蛤和蜗牛;附生生物附着或缠绕于其他生物体上;浮游生物是水流中漂浮的生物,不能逆流运动,如一些藻类;自游生物能在水中随意游动,如鱼类、两栖类、昆虫等;漂浮生物只能在水体表面栖息或游动。

淡水生境中,藻类是最主要的生产者,其次是水生种子植物。淡水生态系统的消费者主要有软体动物、水生昆虫、甲壳动物和鱼类。其他次要生物的生物量较小,如环节动物、轮虫类、原生动物、蠕虫等。还原者是腐生生物的细菌和真菌,在不受污染的水体中其数量较少。

静水生态系统由沿岸向中心,通常有三个明显的带:光线能透射到底部的浅水区为沿岸带;达到有效光线透射深度的开阔水面为湖沼带;有效光透射深度之下的底层或深水区为深水带。透光带是指整个有光照的水层,包括沿岸带和湖沼带。沿岸带的生产者为有根的或底栖植物,浮游或飘浮植物主要是硅藻、绿藻或蓝藻。由浅水区到深水区有代表性的植被带排列为:挺水植物带(如芦苇、香蒲、慈姑、黑三棱)、浮叶植物带(如睡莲、菱等)、沉水植物带(如眼子菜、苦草、狐尾草等)。消费者为浮游动物、虾、鱼类、蛙、蛇和水鸟等。湖沼带的浮游生产者除绿藻、硅藻和蓝藻外,还有甲藻类,裸藻和团藻等,浮游动物种类虽少,但数量多,以桡足类、枝角类和轮虫类,自游生物几乎全部由鱼类组成。深水带由于没有光线,生产者不能生存,其他生物以底栖动物和嫌气性细菌为主,靠各种下沉的有机碎屑为食。

流水生态系统通常有急流生物群落和缓流生物群落。一般地,江河上游落差较大,且水的流速大于50cm/s,为急流;而江河下游水面较宽阔,流速低于50cm/s,则为缓流。急流生物群落的生产者多为附着于石砾上的藻类等,如刚毛藻、有壳硅藻,以及水生苔藓。初级消费者为昆虫,有钩和吸盘,能紧附在甚至是光滑的表面上,如蚋和网蚊的幼虫及纹石蛾;次级消费者为鱼类,身体较小、具流线型。缓流生物群落的生产者除藻类外,还有高等植物;消费者为穴居昆虫幼虫和鱼类,可能与一些池塘中出现的生物相同,如豉甲科昆虫、蓝鲤鱼。通常把急流生物群落看作典型的河流生物。

3. 淡水生态系统的环境问题

在河流流域下游平原地区,因为污染、农业和城市的发展,生物多样性趋于下降。当河道取直或开挖人工河后,河流环境发生改变,河岸植被生长潜力变小,水体生物可利用的生态位的多样性也减少。湖泊同样也遭受了工业污染;北美洲五大湖鱼群受到重金属污染,已不堪食用。

淡水生态系统的主要环境问题之一是水体富营养化。人为诱导淡水系统富营养化的一个例子是英国的诺福克湖——一些浅的人工湖群。由于湖区人口的增加，以及 60 年代含磷污水的排入改变了这些湖泊，从每升水中 20Rg 磷的贫营养化达到每升水中 360~100（μg）磷的富营养状态。藻类生长加快，使清澈透明的水体变为极端污浊的浑水，大型植物窒息而死。曾经常见种类如轮藻现已不常见。极端的富营养化导致全部大型植物的消失，藻类占优势，浮游植物大量增加。

（二）海洋生态系统

1. 海洋环境

海洋在地球上是广阔连续的水域。海洋总面积 3.6 亿 km^2，覆盖 71% 的地球表面，平均水深 2750m，占地球总水量的 97%。海洋的中心部分叫洋，具有深的浩瀚水域、独自的潮汐和洋流系统、比较稳定的盐度（约 3.5% 左右）。世界上四大洋的平均深度 4028m。海洋的边缘部分叫海，没有独自的潮汐和洋流系统，如澳大利亚东北面的珊瑚海为世界上最大的海。两端连接海洋的狭窄水道称为海峡，如马六甲海峡连接太平洋和印度洋。海洋底部可分为大陆架、大陆坡和洋底。大陆架是各洲大陆在海水以下的延续部分，一般坡度较缓；再向海洋延伸会逐渐陡斜，这部分海底称为大陆坡；最后深度达几千米的洋底。洋底约占海洋总面积的 80%，地形起伏不平，形成海岭、海盆、海沟和海渊等。

所有海洋都是相连的，很多海洋生物都能自由运动，但海水深度、盐度和温度则是主要障碍。两极和赤道的气温差会引起强风，与地球转动结合在一起，产生表层海水的洋流。因温度和盐分变化造成密度差异还会引起深层海水的流动。水的循环流动有助于氧的溶解和营养物质的交换，风持续地把表层水吹走后，由较冷的深层海水补充，同时积累于深层的营养物质也被带到海水表层，这称之为海水的上涌过程，它能形成巨大的生产能力，例如由秘鲁海流引起的上涌产生世界上最富饶的渔场之一。

海水的运动还包括由太阳与月亮的引力作用所产生的潮汐。在近海岸带，海洋生物繁多，潮汐显得特别重要，使海洋生物群落形成明显的周期性。

海洋中含有较多的盐分，大约 2.7% 是氯化钠，其余的是镁、钙、钾盐。大洋的盐度随季节变化非常小，而在海湾和河口的半咸淡水，盐度的季节变化非常明显。

海洋生境的另一特点是溶解的营养物质浓度低。虽然含盐较多，但硝酸盐、磷酸盐和其他营养盐类含量稀少，而且这些生物必需的盐类存留时间短，随不同地区和季节而明显变化。仅少数有剧烈海水上涌流动的地方，营养物质非常丰富。

浅海区是介于海滨低潮带以下的潮下带至深度 200m 左右大陆架边缘之间。因水浅平均 130m，光线可达海底生物群落。来自大河的淡水，使该区的盐度比大洋或深海更容易发生变化，还从陆地输入了大量营养物质，并且与纬度和洋流一道决定了海水温度和营养物质状态。水温变化大，在温带地区有季节性。底质多松软，由沙和泥沉积而成。从近海向外海方向，盐度、温度和光照的变化程度逐渐减弱。

远洋区是水深 200m 以上，大陆架以外远离陆地的深海水域及与之相连的海底，占地球水域的 85%~90%。该区含盐量基本上稳定。在表层,波浪是主导因素,溶解氧含量高,阳光充足。深海环境稳定,温度变化小,溶解氧少,光线微弱,水的压力大,没有绿色植物的光合作用。

河口区是陆地江河淡水和海水交汇而混合的区域,是淡水和海洋栖息地之间的过渡区或群落交错区。河口区水浅,水温变化大,盐度变化具有周期性和季节性,溶解氧含量较大,透明度低,底质为松软的泥沙沉积而成。

2. 海洋生物群落

生物在海洋中无处不在,但在接近大陆和海岛周围特别稠密。浅海区是生产力最高的海洋生态系统,特别是上涌区,水流将营养物质带到表水层。主要初级生产者有硅藻、腰鞭毛藻(甲藻)等"消费者中浮游动物为橙足类、磷虾等较大的甲壳类,还有孔虫类、放射虫类和砂壳纤毛虫等原生动物。底栖生物消费者为蛤类、海蛇尾类、多毛类、双壳类、甲壳类以及蝶、鳒等鱼类。自游生物和漂浮生物为第二级和第三级消费者,如鱼类、大型甲壳动物、龟鳖类、哺乳类(鲸鱼、海豹等)和海浮鸟类等。

河口区比海洋其他区域有较强的生产力。河口生态系统的生产者利用丰富的营养物质,在全年内都能进行光合作用,主要初级生产者有海藻、海草等大型水生植物,以及硅藻等小型底栖植物和浮游植物。河口区一些含红色素的甲藻突然大量繁殖会形成"赤潮",由于周期性地出现,并蔓延到沿岸水域,由于辖毛藻产生大量的毒素,鱼类和其他自游生物会中毒大量死亡。河口区的消费者包括地方性的半咸水动物(已适应于低盐条件下的河口湾特有种类)、海洋动物(入侵的海洋种类)、淡水动物(入侵的广盐性淡水动物)。例如,牡蛎、泥蛹和蟹等都是完全在河口湾生活的,而油邮只是幼年期在河口区生活,几种重要的虾类的成年个体在近海生活和产卵,而幼体进入河口湾中。鲑、鳗如等由海水向淡水洄游,在河口湾停留时间相当长。如此多的经济鱼类依靠河口区生活,保护这些河口栖息地在经济上、生态上都具有重要意义。

远洋区的生物群落全部由营浮游生活和底栖生活的生物组成。浮游植物以"微型浮游植物"占优势。该区上涌带常见群生硅藻,消费者为多种鱼类;而珊瑚礁以藻类和腔肠动物(如珊瑚虫)的共生关系为特征;在海水上层,蓝细菌和固氮蓝藻是重要的自养性浮游生物,动物最为丰富,有金枪鱼、飞鱼、乌贼、鲨鱼、鲸等;随着海水深度的增加,生产者不能生存,消费者依靠碎屑食物和上层生物为生,多为肉食者,如在远洋海水中层有磷虾类、瞟鱼等,在远洋底层有甲壳类、多毛类、海参类,以及宽咽鱼、深海鳗和其他多种鱼类。

3. 海洋环境问题

海洋中倾注了大量的污染物,包括石油和其他碳氢化合物、污水和金属等。轻油溢漏到海上,部分被蒸发,部分溶入水中,或被物质颗粒吸收、沉入海底。细菌能消化轻油,但较重的油能持续存留海水表面,或沉积在海底。石油杀死海底生物,可溶解的部分则有剧毒。海鸟在海水中洗涤羽毛,体表会沾满油污,起到毒害作用,并降低其体温。海洋因其海水深、面积大,变成了天然的废物处理场。一些污染物,如污水和工业废水中的金属或有机有毒物质,在食物网中被富集、放大,会使鱼类受到污染。

近海岸的珊瑚礁是对海滩旅游带来的干扰和污染特别敏感的生态系统。沿海岸的开发建设可能对珊瑚具有破坏性的影响,因为在建筑和挖掘过程中产生的泥沙会掩埋住它们。珊瑚礁还受到商业性捕捞、污染和全球气候变化的威胁。

在河口湾挖泥、污染、填塞,导致经济鱼类栖息环境受到破坏。特别是各种有机物质的污染增加了赤潮出现频率和严重程度。

二、湿地生态系统

湿地是陆地和水域之间的过渡区域,是一种生态交错带。生态交错带指两种或两种以上生态系统之间的过渡地带。湿地的这一定义是狭义的,只包括部分水体,即大多数人认为具有挺水植物的地区,而不包括开阔水体,例如,在湖泊的情况下,生长有挺水植物的湖滨地区被看作湿地,而大面积的开阔水体就不属于湿地。由于湖滨地区和开阔水域是紧密联系的,在资源与环境的管理上应视为一个整体,这一定义将二者分割开来,不利于保护和管理等实际工作。

1971年湿地公约对湿地的定义是国际公认的,是一种广义的定义,即"湿地指不论其为天然或人工、长久或暂时性的沼泽地、泥炭地或水域地带,静止或流动的淡水、半咸水、咸水水体,包括低潮时水深不超过6m的水域。"这个定义包括海岸地带的珊瑚滩和海草床、滩涂、红树林、河口、河流、淡水沼泽、沼泽森林、湖泊、盐沼及盐湖。这一定义包括了整个江(河)流域,对于保护和管理都有明显的优点,因为土地利用计划是针对整个集水区或流域的,而整个流域从上游到下游是连在一起的,所以上游地区任何土地利用方式的变化都将影响下游地区。因此,提出这一广义的湿地定义,有助于从系统的角度确保对集水区所有水资源的良好管理。这一定义中的河流、湖泊、河口等湿地类型,前面在淡水生态系统、海洋生态系统中已分别讨论过。

1. 湿地环境

湿地广泛分布在世界各地,是地球上生物多样性丰富和生产力较高的生态系统。常被称为"景观之肾"或"自然之肾",是因为湿地在蓄洪防旱、调节气候、控制土壤侵蚀、促淤造陆、降解环境污染物等方面具有极其重要的作用,与此同时在地球水分和化学物质循环过程中所表现出的功能也是不可替代的。

据统计,全世界共有湿地8558xl(/km²,占陆地总面积的6.4%(不包括海滨湿地)。据原国家林业局湿地公约履约办公室提供的资料(2000年2月),中国的天然湿地和人工湿地总面积在$6000 \times 10^4 hm^2$以上。

湿地是一个较独立的生态系统,但同时与周围其他生态系统相互联系、相互作用,发生物质和能量和交换,有其自身的形成发展和演化规律。从起源来看,湿地可分为三种:水体湿地化、陆地湿地化和海岸带湿地。水体湿地化包括湖泊湿地化、河流湿地化、水库湿地化等；陆地湿地化包括森林湿地化、草甸湿地化、冻土湿地化等；海岸带湿地则包括三角洲湿地、潮间带湿地、海岸潟湖湿地和平原海岸湿地。以下讨论淡水湿地和滨海湿地的几种主要生态系统类型。

淡水湖泊生态系统（水库是一种人工湖泊）很少有孤立的水体，一般与河流相连，受河水补给或补给河水。我国各地湖泊水温差别很大，受纬度和海拔高度等因素影响。我国的湖泊每年从10月中旬至12月中、下旬，自北向南出现冰情，但北纬28°以南为不冻湖。我国淡水湖泊一般为重碳酸钙质水，矿化度在150~500mg/L。

淡水沼泽生态系统地表常年过湿，或者有薄层积水，有些还有小河、小湖和泥炭。沼泽在形成和发育过程中，产生泥炭，又称草炭。我国沼泽分布广泛，从寒温带到热带乃至青藏高原均有发育，因此沼泽自然环境条件差异很大。

红树林生态系统是热带海岸潮间带的一种常绿阔叶林生态系统，在暖流影响下亦分布到亚热带地区。我国红树林分布在海南、广东、广西、福建、香港和台湾等地区。红树林主要生长在隐蔽海岸，因风浪较微弱、水体运动缓慢、泥沙淤积多而适于生存。红树林和珊瑚礁一样，帮助形成海岛和扩展海岸。红树林生态系统的潮滩土壤颗粒精细无结构，含高水分、高盐分，缺氧，含丰富的植物残体和有机质。由于厌氧分解产生大量的硫化氢，土壤带有特殊的臭味。红树林淤泥中含有大量钙质，含盐量0.2%~2.5%，pH值在3.5~7.5。红树林分布中心的海水温度24~27C，气温则在20~30℃。

2. 湿地生物群落

湿地生物多样性丰富，还是重要动植物种完成生命过程的重要生境。例如，湖南省东洞庭湖湿地自然保护区，面积19xU)4hm²，水生植物生长繁茂，已经记录了131种水生植物，经济鱼类100余种，有中华鲟、白鲟、白鳍豚、江豚等珍稀濒危物种，这里也是迁徙水禽极其重要越冬地，已记录到鸟类120类。美国湿地面积不足其陆地面积的5%，但是联邦政府所列受危和濒危物种的43%依赖着湿地。

湖泊湿地以高等湿生植物为主要初级生产者，因而具有较高的生产力，并为消费者鱼类和其他水生动物提供了丰富的饵料和优越的栖息条件。如江西省鄱阳湖有湿地植物种类38科102种，地面高程由高到低分布着芦苇和荻群落、苔草群落、水毛茛和蓼子草群落以及水生植物群落；消费者有鱼类21科122种，其中鲤科鱼占50%，鸟类有280种，属国家一级保护的动物有白鹤、白头鹤、大鸨等10种，属二级保护的有40种。

沼泽生态系统的生产者为沼泽植物，最多的科是莎草科、禾本科，其次为毛蔗科、灯芯草科、杜鹃花科等约90科，包括乔木、灌木、小灌木、多年生草本植物以及苔藓和地衣；沼泽消费者有涉禽、游禽、两栖、哺乳和鱼类等，其中有珍贵的或经济价值高的动物，如黑龙江省扎龙和三江平原芦苇沼泽中的世界濒危物种丹顶鹤，三江平原沼泽中的白鹤、白枕鹤、天鹅。沼泽中的哺乳动物有水獭、麝鼠和两栖类的花背蟾蜍、黑斑蛙等。

红树林生态系统主要初级生产者为红树科的木榄、海莲、红海榄、红树和秋茄，还有海桑科的海桑、杯萼海桑，马鞭草科的白骨壤，紫金牛科的桐花树等；消费者有浮游动物、底栖动物、游泳动物、昆虫以及陆生脊椎动物。红树林动物物种十分丰富,种类多样性高,占优势的海洋动物是软体动物,如汇螺科、蜒螺科、滨螺科和牡蛎科等,以及多毛类、甲壳类以及一些特殊鱼类;陆地动物包括栖息在红树林上、林下及林外潮滩上的鸟类、昆虫等陆生脊椎、无脊椎动物;潮间带动物包括红树林上、林下及林外滩生活的各种微型、大型底栖动物。

3.湿地环境问题

泥沙淤积、围垦、污染、改造成鱼塘、开沟排水以控制疾病(如血吸虫病)等已构成对湿地环境的主要威胁,矿产和泥炭资源的开发、过度捕捞、旅游及修堤建坝等也对湿地造成破坏。毁林、开荒、过度放牧、刀耕火种等引起严重的土壤侵蚀和水土流失,河水混浊,河床抬高,如黄河的河床以每年 75~150mm 的速度上升。湖泊由于围垦和淤积而不断萎缩,降低了湖泊湿地的蓄洪能力,从而增加了洪水泛滥的可能性。为发展农业、房产、工业及旅游业而过度开发地下水是导致湿地消亡的另一个主要原因。湖泊污染,尤其是大中城市附近的湖泊污染不断增加,重金属污染十分普遍,鱼类和鸟类受害以至死亡,候鸟迁移到别处栖息或灭绝。受污染的湿地最终将给世界上人类和动植物带来疾病和死亡。

滩涂湿地受到很多人为活动的影响。滩涂沼泽因以农作和控制疾病为目的的开沟排水而被破坏。滩涂湿地还被大规模地改造为鱼塘与虾池。红树林也曾大批被毁,为养鱼让出地方。

乱猎乱捕对湿地野生动物构成了严重威胁。如我国华东平原的雁鸭越冬区雁鸭被大量捕杀,在许多滩涂湿地鸟类被捕捉作为食物,类似事件在其他地方湿地也时有发生,更为严重的是,用消灭农田害虫的毒药毒杀水禽。

三、陆地生态系统

从面积上看,陆地生态系统比海洋生态系统小得多,因为陆地面积只占地球表面总面积的 29%,而海洋则占地球表面总面积的 71%。与水体环境比较,陆地环境的水分是主要限制因子,而且气温的时空变化和极端性更为明显,而植物生长所需的主要营养物质,主要来源于土壤;不像海洋那样,陆地是不连续的,由此产生重要的地理障碍,从而影响到动物、植物的运动和迁移。因此,陆地生物群落和生态系统的性质取决于水分、温度、光照等气候因子和土壤、地理等因子以及生物种群的相互作用,这将在以后的章节中详细地讨论。根据植物群落的外貌特征及生长环境的特点,陆地生态系统可划分为森林、草原、荒漠、冻原等生态系统类型。

(一)森林生态系统

森林是陆地生态系统的主体,在生产有机物质和维持生物圈物质和能量的动态平衡中具有重要的地位。地球上森林占全球面积和陆地面积的 11% 和 38%,而森林生产的有机物质占全球和陆地净初级生产量的 47% 和 71%。地球上适于森林生长发育的环境条件变化范围大,但不同的温度和降雨量条件下的地区会产生不同的森林植物群落,从南往北沿温度和水分变化梯度,森林类型也呈现一个梯度变化,比如,按大陆上的气候特点和森林的外貌,可划分热带雨林、亚热带常绿阔叶林、温带落叶阔叶林和北方针叶林等。

1. 热带雨林

分布在温度较高、降雨量较大的南美洲北部、中美洲、赤道非洲的西部和中部、东南亚以及印度洋、太平洋中的许多岛屿。雨林处于非季节性气候条件下,年平均气温281,降雨频繁,年平均降雨量大于2200mm。大量的降雨使土壤淋溶并酸化。微生物活动和养分循环速度快,而土壤中养分贮存得很少,因此土壤贫瘠。雨林生态系统中营养成分,大部分贮存在植物体中,而植物体死去后,很快矿质化,并直接被根系吸收,形成一个几乎封闭的循环系统。

从植被特点来看,热带雨林具有各种参天的树木,最高可达到60m左右。由于高温和丰富的雨水为植物生长提供了优越的条件,因此,雨林的净生产力是所有陆地生态系统中最高的。雨林种类组成丰富,生物多样性高,其原因之一被解释为雨林经历过长期的发展时期,从未受冰河时期的影响,导致种类的不断累积,森林群落随时间变得复杂;此外,复杂的物理环境为特有种提供了众多的生态位。雨林树冠茂密,光照难以到达林地,妨碍地面植物生长,草本层稀疏,但是,雨林的垂直结构复杂,天然优势树种上附生植物和藤本植物发达,其林冠下生长着耐荫树种。

热带雨林动物多样性也很突出。昆虫、两栖动物、爬行动物和鸟类物种尤其丰富。猴子和其他小的哺乳动物为非昆虫的优势草食动物。有几种大型肉食动物,如老虎等。大部分动物活动在树冠范围内,以果实为生。其他种类靠树叶为生,但树叶营养贫乏,且纤维素含量高而难以消化。树懒的肚中保存着能消化纤维的细菌,但即使如此,树叶纤维完全消化也要花一个月时间。树懒总是无精打采就因为食用了这种含能量低的食品,只能通过懒散的方式来保持身体的能量。这样,一旦遭遇捕食者,它们不能逃脱,却能改变附生于皮毛上水藻的颜色起到伪装防护作用。

采伐热带雨林开辟农田和牧场,导致生物多样性的丧失和土壤的衰竭,还可能会造成土壤侵蚀。雨林中丰富的植物多样性是宝贵的全球性资源,许多植物种类有着独特的对人类有益的化学特性。例如,玫瑰红的长春花能产生一种化学物质,其对治疗白血病有效,制药公司正致力研究开发潜在的天然药物。然而,雨林正持续不断地受到破坏。此外,雨林砍伐时火烧林地也会影响全球碳循环,通过将二氧化碳释放到大气中加剧全球变暖。

2. 亚热带常绿阔叶林

分布在北纬25°~40°之间的亚热带地区,其中,我国的常绿阔叶林是地球上面积最大的、发育最好的。分布区属季风气候,夏季炎热多雨,冬季寒冷而少雨,春秋温和,四季分明,年平均气温16—181,年降雨量1000~1500mm。土壤为红壤、黄壤或黄棕壤。

常绿阔叶林是以壳斗科、樟科、山茶科、木兰科等四季常绿的阔叶树种为主组成的森林生态系统,这些优势树种叶片排列方向与阳光垂直,故又称照叶林。它的结构较雨林简单,外貌上林冠比较平整,乔木通常只有1~2层,高20m左右。灌木层较稀疏,草本层以蕨类为主。藤本植物与附生植物虽常见,但不如雨林繁茂。常绿阔叶林中具有丰富的木材资源,生长着大量珍贵、速生、高产的树种，如北美红杉、巨假山毛榉、校树、我国的樟木、楠木、杉木等都是著名的良材，还有银杉、琪桐、长苞铁杉、砂椤、小黄花茶、红棚、蛆木、金钱松、银杏等许多珍稀的野生植物。

亚热带常绿阔叶林中动物物种丰富，两栖类、蛇类、昆虫、野雉、鸟类等是主要的消费者。我国在亚热带林区受重点保护的珍贵稀有动物较多，如蜂猴、豹、金丝猴、短尾猴、红面猴、白头叶猴、水鹿、华南虎、梅花鹿、大熊猫以及各种珍禽候鸟等。

耐阴的常绿阔叶林经过反复破坏后，退化为由木荷、苦精、青冈栎等主要树种组成的常绿阔叶林或针叶林，如再严重破坏，则退变为灌丛，进一步经樵采、烧垦、割草等破坏，退化为草地，甚至导致植被逐渐消失，土地生产力不断下降，坡地出现土壤侵蚀和严重水土流失。我国常绿阔叶林区的平原、低丘和部分山地已被开垦为农田，原生的常绿阔叶林仅残存于偏僻的山区一些亚热带地区，如我国长江流域，洪涝灾害严重且频繁，主要原因之一在于常绿阔叶林的破坏和退化后，导致森林涵养水源、保持水土、调节河川径流能力下降。

3. 温带落叶阔叶林

又称夏绿林，分布在西欧、中欧、东亚以及北美东部，在我国常见于东北、华北地区。温带落叶林的气候也是季节性的，冬季寒冷，夏季温暖湿润，年平均气温 8~14℃，年降水量 500~10000mm。土壤肥沃，发育良好，为褐色土与棕色森林土。

落叶阔叶林垂直结构明显，有 1~2 个乔木层，灌木和草本各 1 层。优势树种为落叶乔木，如株属、山核桃属、山毛榉属、白蜡属，以及植树科、桦木科、杨柳科的一些种。乔木层种类组成单一，高 15~20m，灌木密集，有阳光透过的地方草本植物、蕨类、地衣和苔藓茂盛。

在集约经营的温带森林中，动物多样性水平低，因为往往栽植非天然的针叶树种，而尽管这些种类生长快、人类的需求大，但却不能为适应天然落叶林的动物提供食物和栖息地。受干扰少的落叶阔叶林中的消费者有松鼠、鹿、狐狸、狼、獐和鸟类，在我国受重点保护的野生动物有褐马鸡、软猴、麝、勺鸡、金钱豹、羚羊、大熊猫、白唇鹿、野骆驼等，以及天鹅、鹤等鸟类。

跨越北欧的温带森林正受到来源于工业污染的酸雨的危害。森林作业如砍伐使土壤暴露，并造成侵蚀以及水分流失的后果。我国黄河中游地区，由于历史上原生植被遭长期的破坏，成为我国水土流失最严重的地区，使黄河中含沙量居世界河流首位。我国西北、华北和东北西部，由于历史上森林遭到破坏，造成了大片的沙漠和戈壁。

4. 北方针叶林

又称泰加林，分布在约北纬 45°~70° 之间的欧亚大陆和北美大陆的北部，延伸至南部高海拔地区。中国的北方针叶林分布于大兴安岭和华北、西北、西南高山的上部。地处的气候条件是，冬季长、寒冷、雨水少，夏季凉爽、雨水较多。年平均气温多在 10℃ 以下，年平均降水量 400~500mm。土壤为灰化土，酸性，腐殖质丰富，因为低温下微生物活动性差，故积累了深厚的枯枝落叶层。

北方针叶林的树种组成单一，常常是一个针叶树种形成的单纯林，如云杉、冷杉、落叶松、松等属的树种,树高 20mm 左右,也可能伴生少量的阔叶树种,如山杨、桦木。常有稀疏的耐阴灌木,以及适应冷湿生境的由草本植物和苔藓组成的地被物层。很多针叶长成圆锥形是对雪害的一种适应,以避免树冠受雪压。这些树种低的蒸发蒸腾速率和其树叶抗冻的形状能使它们度过冬季时也保持不落叶。

北方针叶林中生长着众多的草食哺乳动物,如驼鹿、鼠、雪兔、松鼠等,还有名贵的皮毛兽如貂、虎、熊等。一些肉食种类如狼和欧洲熊因狩猎已经几乎灭绝,仅有少数孤立的种群。针叶林还是很多候鸟如一些鸣禽和鹑属重要的巢居地,供养着众多以种子为食的鸟类群落。

(二)草原生态系统

草原出现于降雨量介于荒漠与森林之间的地方。热带草原,又称萨王纳或稀树草原,常伴有零星的树木,在非洲分布最广泛,澳大利亚、南美洲、南亚也有分布。温带草原则分布于欧洲东部和亚洲的大片地区、北美中部和南美洲。草原构成大片地区一致的植被,但与其他生态系统一样,有一个从草原到森林或荒漠之间的平缓过渡时期。

1. 热带草原

在湿季降雨量可达 1200mm,但在长达 4~6 个月或更长的干季则无降雨,加上高温和频繁的野火,限制了森林的发育。一年中大部分时间土壤保持较低的含水量,从而限制了微生物活动和养分的循环,高温多雨时,土壤又强烈淋溶,比较贫瘠,以砖红壤化过程占优势。

植被以热带型干旱草本植物占优势。非洲萨王纳以金合欢属构成上层疏林为特征,树木具有小叶和刺,有些旱季落叶,为放牧、吃草的动物提供遮阴、食物,并养育着许多无脊椎动物种。树木具有很厚的树皮,起到绝热防火的作用。在北美和欧洲草原,火是阻止灌木物种侵入草原的一个重要因子。

非洲萨王纳生长的草食动物有斑马、野牛、长颈鹿、犀牛等,肉食动物数量大,如狮、豹、鬣狗等。

2. 温带草原

为半干旱气候,年降雨量 250~600mm,但可利用水分将取决于温度、降雨的季节分布和土壤持水能力。通常,草类物种生活短暂,草原的土壤可获取大量的有机物质,包含的腐殖质可以超过森林土壤的 5~10 倍。这种肥沃的土壤非常适于农作物如玉米、小麦等的生长,北美和俄罗斯的主要粮食生产带就位于草原地区。

植被为阔叶多年生植物,在达到最大生长高度之前的生长季早期开花,而较大的阔叶多年生草本则在生长季末开花。

原始的温带草原动物群落由迁徙性的成群食草动物、啮齿类和相应的食肉动物组成,如狼、鼬、猛禽等。温带草原鸟类物种不是很多,也许是因为植被结构的单一和缺乏树木的缘故。生长季短还使两栖类和爬行类没有时间从卵发育成成年个体。

生产力较低的草原已经被作为牧场饲养牛羊。大量的放牧导致草原植物群落的破坏和土壤侵蚀。这样下去草类将不能再生,因为表层土壤的丧失和持续放牧,则会出现荒漠化。

为了适应成群动物的迁徙行为，国家公园面积必须非常大，有时要跨过国界，通过适当的栖息地走廊连接。区域人口大量增加会导致过度放牧和偷猎。一些地区的大象濒临灭绝可能会造成林地的增加和草场的减少，这对于食草动物显然是不利的。很多原始的温带草原动物几乎绝迹，原因是狩猎，以及草场变为耕地和牧场。

（三）荒漠生态系统

荒漠是一类特殊的生态系统，位于极端干旱、降雨稀少、植被稀疏的亚热带和温带地区，主要分布于北非和西南非洲（撒哈拉和纳米布沙漠）、中东和亚洲的一部分（戈壁沙漠）、澳大利亚、美国西南部、墨西哥北部。我国的荒漠分布于亚洲荒漠东部，包括准噶尔盆地、塔里木盆地、柴达木盆地、河西走廊和内蒙古西北部。

荒漠地区降雨量不足 200mm，有些地区年降雨量甚至少于 50mm，且时间上的不确定。通常白天炎热，晚上寒冷。白天温度取决于纬度，依据温度不同，可分为热荒漠和冷荒漠。热荒漠主要分布在亚热带和大陆性气候特别强烈的地区。冷荒漠主要分布在极地或高山严寒地带。温带荒漠干燥的原因是其位于雨影区，山体截留了来自海上的水汽。在极端的荒漠地带，无雨期可能会持续很多年，仅有的可利用水分存在于地下深处，或来自夜晚的露水。由于植被稀疏和生产力低，有机物质积累量少，导致土壤瘠薄，养分贫乏，保水能力差。

两种类型的荒漠具有不同的植物群落。热荒漠生长着稀疏的有刺半灌木和草本植物，为旱生和短命的植物种类，干旱时期叶片脱落，进入休眠。它们能很快生长和开花，短时期覆盖荒漠地表。地下芽植物以球根和鳞茎的形式存活在地下。而多汁植物，如美洲的仙人掌和非洲的大戟属植物，能自我适应度过长的干旱时期，这些植物表皮厚、气孔凹陷、表面积与体积的比值小，因此减少了水分损失。冷荒漠种类贫乏，多呈垫状和莲座状生长，有较密集的灌木植被，如整个夏天都能保持绿色的北美山艾树。分布范围广的浅根系植物与根系长达30m的深根系植物结合来利用稀少的降雨和地下水。苔藓、地衣、藻类可在土壤中休眠，但也像荒漠中一年生植物一样，能很快地应对寒冷和湿润的时期做出反应。

荒漠生态系统的动物成分主要为蝗虫、啮齿类的小动物和鸟类等。爬行动物和昆虫能利用其防水的外壳和干燥的分泌物在荒漠条件下生活下去。一些哺乳动物（如几种啮齿类）能通过排泄浓缩的尿液来适应并克服水分的短缺，还找到了不用消耗水分就能降温的方法。它们甚至不必喝水也能活下来。其他动物，如骆驼，必须定期地饮水，但生理上能适应和忍耐长期的脱水，骆驼能忍受的水分消耗达自身总含水量的30%，并能在10分钟饮完约其体重20%的水。

生产力取决于降雨量，几乎呈线性关系，因为降雨是限制生长的主要因子。在美国加州的莫哈韦沙漠，年降雨量100mm的地方净生产力为600kg/hm^2，降雨量增加到200mm使净生产力增加到1000kg/hm^2。在冷荒漠地区，蒸发损失水分较少，200mm的年降雨量则能维持1500~2000kg/hm^{2}的生产力。沙漠地区具有如此大的生产潜力，以至于土壤只要适宜，灌溉就能将荒漠转变成高产农田。但是，问题在于荒漠灌溉能否持续下去。由于土壤中水分大量蒸发，从而使盐分被留下来，有可能积累到有毒的水平，这一过程被称为盐渍化。使河流改变方向和排干湖泊来满足农业的需要，对其他地方的生态环境可能会产生毁灭性的影响。例如，由于 Aral 湖（苏联）湖水大量用于灌溉，其水位下降了 9m，预测还会再下降8~10m。它周围的海岸线和暴露出来的湖底近似于荒漠，繁荣的渔业已经被破坏了。

（四）冻原生态系统

分为北极冻原和高山冻原。北极冻原位于北冰洋、极地冰帽和北方针叶林之间。高山冻原较少，是在高山树木线以上，生态环境与极地冻原类似的区域。分布于欧亚大陆和北美。我国仅有高山冻原带，分布在长白山和阿尔泰山。

冻原的气候严寒，一年中大部分时间温度下降到植物生长所需要的温度之下，生长季节长约 8 至 10 个星期。在高纬度地区，白昼时间长，降水量少，一般低于 200mm，并且主要以雪的形式。因为蒸发量小，故水分并非限制因子。地面在一定深度以下保持永久性的冻结状态，称为永冻层。生产力低和微生物活动受限制造成土壤瘠薄。土壤在冬季冻结，在夏季则渍水、沼泽化。

冻原处于极端的生境条件，虽然生产力低，但却具有大量的生物种类。植被由低矮的、垫状和匍匐状的植物组成，如适应在极端寒冷条件下生存下的莎草、地衣等；还有一些常绿灌木，如桧、越橘、酸果蔓、杜香、岩高兰等植物。虽然低温和短暂的生长季妨碍了森林的形成，但在与其他生态系统的过渡地带，可能出现片断森林，称为森林冻原。多年生植物的芽埋在或隐藏在地表附近，躲避严寒，春季开始新的生长。一年中大部分时间植物靠雪覆盖的保护来避寒。长白山冻原的主要植物有仙女木、牛皮杜鹃、越橘等。

在夏季，冻原生态系统水生和旱生植物净生产力为常驻和迁移性的动物种群提供食物。由于极端条件的季节性，一些动物只有在夏天才能见到。例如，迁移性的鸟类如鹅、矶鹬、鸭和其他夏季在冻原上生活的水禽，以植物和昆虫为食。常住的哺乳动物终年处于活动状态，如驯鹿冬季掘入雪下，以地衣为生。冻原的消费者还包括旅鼠、北极熊、北极狐、松鸡和枭等。

冻原因为生产力低和土壤瘠薄，受到干扰后植被恢复极慢。污水和其他污染物质由于低温抑制了其分解过程。石油的发现使冻原被开发，而车辆损坏和石油溢漏消灭了苔藓和草类，并使永冻层融化，导致土壤下陷和侵蚀。控制北极冻原开发，保护冻原已是国际上环境保护战略的内容。

第四节　生态系统的基本功能

生态系统的功能主要有能量流动、物质循环和信息传递三种。或者说生态系统的基本功能可以通过能流和物质流来描述。能流方法可用物理单位（如焦耳）描述和分析不同营养级的相互关系，如动物和植物的相互关系（如取食与被食），适合同时对种群和群落进行描述。研究物质流,如矿质元素的输入和输出,对生态系统如何组成一个统一的整体,以及怎样实现调节和稳定,是非常重要的。

一、生态系统的能量流动

能量是生态系统的动力,是一切生命活动的基础。地球上一切生命都要利用能量,才能生活下去,才能生长和繁殖。在生态系统中,生物与环境、生物与生物之间的密切联系,可通过能量的转化、传递来实现。

生物所利用的最初能量来源,基本上都是太阳辐射。绿色植物通过光合作用合成有机物质,将光能转变为化学能,一部分满足自身生命活动的需要,另一部分则供给异养生物进行生命活动。生态系统中的能量关系,主要表现在以下三个方面:①有机物质的合成过程,即生产者(绿色植物)吸收太阳能形成含能量的初级生产量;②活有机物质被各级消费者(动物)消费的过程;③死有机物质(动植物残体和排泄物)被腐生物分解的过程,能量不断消耗并转换为热能输出到系统之外。上述这种生物与环境间、生物与生物间能量传递和转换的过程,被称为生态系统的能量流动。

(一)生态系统与热力学定律

生态系统的能量流动服从于热力学定律。热力学第一定律又称能量守恒定律,是指能量在从一种形式转换成另一种形式的过程中,既不会增加也不会消失。热力学第二定律指出,每一次能量转换都会导致系统自由能的减少,即在能量的传递和转化过程中,除了一部分可以继续传递和做功(自由能)外,总有一部分以热的形式消散,使系统的熵(系统中不能做功的那部分能量)和无序性增加。在生态系统中,当能量以食物的形式在生物之间传递时,其中一部分能量必然以热的形式消耗掉(使熵增加),其余则用于合成新的组织,作为潜能(化学能)贮存下来。由于生态系统是一个开放系统,不断地有物质和能量的输入和不断排出熵,从而维持系统的稳定性,一旦太阳能的输入停止,系统将由于熵和无序性的增加,而走向崩溃。

在生态系统中,供草食动物利用的能量是有限的,取决于生产者营养级通过光合作用所固定的能量,当绿色植物被草食动物采食后,将化学能转化为草食动物活动的机械能或其他形式的能量,包括转变为热量的耗散,但能量总量是不变的(第一定律)。但对草食动物可利用的能量而言,需要一个从植物的有机物(如碳水化合物)到动物的有机物的转换过程,这种能量转换效率不可能是100%的(第二定律),因此,动物一定会含有较少的能量,即比供养它们的植物提供的能量少。通过每一营养级的能量转换都是这样的趋势:往下的营养级能量会变得越来越少,其中的动物也会越来越少。

然而,根据热力学定律建立生命系统纯粹的物理或数学模型是不可能的。这是因为热力学第二定律对实际生命系统所发生的实际过程而言,只是一个过于简单的描述。各营养级之间能量的浪费比单纯物理上能量转换所损失的能量要大得多。

（二）能流分析

单位面积上活的有机体是构成生物量的现存量。生物量则指单位面积的地面（或水体）生物有机物质的重量。通常用能量的单位（如 J/m^2）或干的有机物质（如 t/hm^2）表示。生物量包括所有有机物质，即使是死的有机物质。群落中生物量大部分是由植物形成的。生态系统的初级生产力是单位面积植物初级生产者形成自身植物生物量的速率，既可用能量的单位表示（如 $J/m^2.d$），又可用干的有机物质的单位表示（如 kg/hm^2）。植物光合作用所固定太阳能的总量，称为总初级生产力（GPP）。总初级生产力的一部分通过植物呼吸而以热能的形式从系统中消耗掉，其余的一部分，即总初级生产力与呼吸消耗量（R）的差值，称为净初级生产力（NPP），代表新的生物鼠实际形成的速率，可为异养生物（细菌、真菌和动物）消费利用。异养生物形成生物量的速率，称为次级生产力。能量被消耗和同化，但最终会以热的形式从系统中散失。有机物质也有可能从生态系统中输出，如通过溪流，或在非生物环境中通过一些特殊的分解过程，产生不完全代谢的高能物质，如石油、煤和泥炭。

净初级生产力转换为次级生产力的比例，取决于能量转换效率。可用三种转换效率，即利用效率、同化效率和生产效率来描述能流的格局。

利用效率是下一个营养级生物的食物摄入量（I_n）占上一营养级被食生物可利用生产量（P_{n-1}）的百分比。

利用效率（CE）= $I_n/P_{n-1} \times 100$

例如，次级消费者的利用效率是被肉食动物取食的草食动物占草食动物生产量的百分比。剩余未被取食的部分最终死亡，进入分解食物链。草食动物的利用效率很低，这既反映了植物材料难以取食，也说明草食动物密度低。森林中平均利用效率为 5%，草地为 25%，而浮游生物占优势的群落达 50%o 肉食动物的利用效率有时较低。捕食的脊椎动物虽然能消耗掉被食的脊椎动物生产量的 50%~100%，但仅能取食无脊椎动物生产量的 5%。无脊椎动物捕食者可利用约 25% 的无脊椎动物被食者生产量。

同化效率是指某一营养级吸收同化量（可用于生长或做功的能量）（A_n）占该营养级摄取食物总能量（I_n）的百分比。未同化的剩余物作为粪便排出，进入分解食物链系统。

同化效率（AE）= $A_n/I_n \times 100$

同化效率不能完全适用于微生物，因为微生物对死的有机物质消化吸收大部分是在细胞外进行的，也没有排泄物产生，同化效率是 100%。对草食动物、腐屑动物、食菌生物而言，同化效率较低（20%~50%），而肉食动物则可高达 80%。由于植物含有木质素、纤维素等组成物质，动物一般并不具备良好的内在条件同化处理死的或活的植物食料，但植物种子却具有高达 70% 的同化效率，而叶片达 50%。来源于动物被食者的有机物质则易于消化和同化。

生产效率是生产量（产生新的生物量）占被同化能量的百分比。同化能量中剩余部分通过呼吸以热的形式完全散失到外界中。

生产效率（PE）= $P_n/A_n \times 100$

不同类别的生物，其生产效率不同。一般来说，无脊椎动物具有较高的生产效率（30%~40%），并且呼吸消耗的能量少。脊椎动物中，变温动物的 PE 值中等（约 10%），而恒温动物需要消耗较多的能量来保持恒定的温度，仅将 1%~2% 的同化能量转化为自身的生物量。体型小的恒温动物如购箱 PE 值最低。微生物具有较高的生产效率，短的生活史和快的种群世代交替。一般地，恒温动物随体型增大 PE 值增加，变温动物 PE 值随体型变小而下降。

如果得到净初级生产力、CE、AE 和 PE 值，就有可能预测不同生态系统的不同营养级能量流的路径。由此研究可发现分解食物链系统的极端重要性。图 2-2 说明了陆地生态系统的营养结构和能量流的一般模型。在草原生态系统，虽然净初级生产力的 20% 被草食动物所消费，但其中仅有 2% 成为次级生产量。每 100J 的 NPP，每年就有 55J 进入分解食物链系统，不足 1J 成为食草动物的生产量。总之，在一个处于稳定状态的生态系统中，动物呼吸消耗使 NPP 得到平衡，从而生物量的现存量保持不变。这样的分析结论与对现实生态系统的观测结果一致。

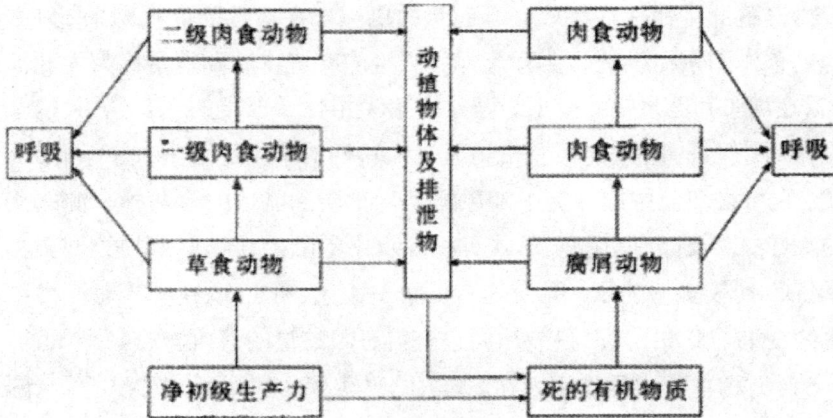

图 2-2 陆地生态系统营养结构和能量流模型

几项将生态系统各个营养级或所有分室结合起来的研究表明，分解系统占次级生产的大部分，因此每一个群落中能量消耗是呼吸放热。在浮游生物群落中，草牧食物链系统作用最大，NPP 中很大一部分被植食动物所消费，同化效率高。在陆地生态系统中，草牧系统却是次要的，因为草食动物的利用效率和同化效率都较低。在初级生产很低的小溪和池塘，草牧食物链几乎不存在，生态系统主要依赖周边陆地生态系统作为能量的主要来源。深海底层生物群落情况是相似的，因为水体太深，光合作用微弱或停止，能量主要来源于透光表水层下沉的死的浮游植物、细菌、动物和排泄物等。

（三）初级生产和次级生产

1. 初级生产

全球陆地净初级生产力的目前最佳估计值是每年 $120 \times 10^9 t$ 干物质重，海洋净初级生产力为每年（50~60）×10⁹t。但是，生产力在地球表面分布是不均匀的。全球生产力分布图提供了年净初级生产和植物现存生物量的估计值。将生产力分布图与到达地表的太阳辐射分布比较，可以看出，决定初级生产力的因素并不只是太阳辐射。造成生产力分布与太阳辐射分布差异的原因是只有当有水分、可利用养分且温度适于植物生长时，地表太阳辐射才能被有效捕获。很多地区能得到足够的太阳辐射量，但缺少水分，而大部分海洋缺乏矿质营养。

地球上大多数地区初级生产力小于 $400g/m^2 \cdot a$，包括 30% 以上的陆地面积和 90% 的海洋面积。生产力最高的生态系统是一些沼泽地、河口湾、珊瑚礁、红树林和耕地。较低纬度地区生产力最高，一般趋势是随纬度增加生产力降低，这说明温度和太阳辐射是影响初级生产最重要的因子。但是，在海洋中，初级生产力最主要的限制因子是养分，生产力最高的生态系统出现在营养物质丰富的上涌水域，而且与纬度无关。

地形上的小差异可能会使植物群落生产力有很大不同。例如，在冻原，从海滩到排水不畅的草场只有几米的距离，生产力却相差 10 倍，从小于 $10g/m^2 \cdot a$ 到 $100g/m^2 \cdot a$。因此，尽管有纬度地带性，但一定的纬度范围却由于不同的小气候而产生巨大的差异。

所有生物群落的生命活动都依赖于能量的供应。在多数陆地生态系统中，能量主要由绿色植物的光合作用来提供的。在群落内所产生的有机物质和能量称为内源性的。在水生群落中，内源性物质和能量输入是通过浅水中大型植物及藻类的光合作用，以及大洋中浮游植物的光合作用；但是，外来的死有机物质进入这样的水生群落中，占有相当的比例，称为外源性物质，它可在河流中或水流中随风飘动。物质和能量的这两种来源的相对重要性取决于水体的大小，以及以有机物质形式沉积在水中的陆生植物群落的类型。小湖泊可能从陆地生态系统得到较多的能量，因为其周长面积比大，越过边界的陆地植物群落枯落物较多。大而深的湖泊与此相比较，只能从周边获得有限数量的有机物质（周长面积之比较小），因此，生产者浮游植物起主导作用。在海洋中，浮游植物的作用是首要的，从陆地上输入的有机物质可忽略不计。河口湾往往是生产力很高的地区，在大的河口湾浮游植物占优势，小的河口湾则以海藻为主。大陆架生态系统从陆地得到一部分能量来源，因水浅，海藻在沿海的初级生产中显得重要。

2. 生产力与生物量的关系

将所有群落的平均生产力（P）和现存生物量（B）比较，可说明群落生产力与现存量的关系。P 与 B 的比值，即每年每千克的现存生物量能增加的新生物量（kg），森林平均为 0.042，其他陆地生态系统为 0.29，水体生态系统达 17.0。造成上述差异的原因是，森林生物量大部分是死的，而且很多活组织不进行光合作用；在草原，较多的生物量是活的，并参与光合作用；在水生群落中，尤其是浮游植物的生产占优势时，死的细胞不会积累，光合产物大量输出，此外，浮游植物生活周期短，生物量更替快。也许将生物量定义为活组织的重量会更为有利，这样可减少各种生态系统 P 与 B 比值的差异。但是，将生物活组织的有机物质和死的有机物质区分开是很困难的。

3. 次级生产

次级生产是异养生物再生产的生物有机物质。异养生物被定义为需要高能有机分子的有机体。与植物不一样,异养生物如动物、真菌和多数细菌不能用简单的分子制造复杂的高能化合物,它们或直接地通过消费植物食料来获取物质和能量,或取食其他异养生物间接地得到植物生产的有机物质和能量。因此次级生产依赖于初级生产力,两者在生态系统中呈正相关,无论在陆地或在水体都可看到这样的关系。一般来说,在草牧食物链系统中,次级生产力比初级生产力小一个数量级。在金字塔结构中,植物生产力形成一个较宽的基底,往上初级消费者的生产较小,再往上次级消费者生产力则更小。

草食动物的生产量必然小于其被食植物的量。能量会损失掉,其原因有多种。其一,不是所有植物都是可食的,很多植物死亡后供给分解者群落。其二,不是所有可利用的植物生物量都能同化,且能转变为消费者的生物量,必然有一部分通过排泄消失,再进入分解系统。其三,并不是所有同化来的能量都能转变为动物的生物量,其中会有一部分作为呼吸的热能损失了,因为没有能量转换过程有100%的效率(热力学第二定律),动物还要做功,放出热能。上述三种能流路径,在所有营养级中都会出现。

二、生态系统的物质循环

生态系统中,物质和能量都是生物所必需的。物质是建造生物体的必须材料,还是能量的载体,物质分子中含有化学能,生态系统可利用的化学能贮存在高能有机物质中。能量流动中,同时伴随着物质循环。

1. 物质循环的类型

生物生长和代谢所必需的元素,称为必须元素。自然界中已知的化学元素有100多种,而生物的必须元素有40多种,其中氧、氢、碳、氮为基本元素,加上钙、镁、磷、钾、硫、钠等被称为大量元素,在生物体中含量大;铜、锌、硼、锰、铝、钴、铁等被称为微量元素,虽然生物需要量小,但却不可缺少。有些元素如钠或硅,在某些生物种类中是大量元素,而钙对有些植物种类来说,又不是大量元素。生物对能量的需要最初来源于太阳能,而对物质元素的需要却来源于地球。从数量上看,各种物质元素与太阳能相比,要相对有限得多。

生物从大气圈、水圈和土壤岩石圈中获得这些营养元素,通过食物链在生物之间流动,最后由于分解者的作用复归于环境,部分元素又可重新被植物吸收利用,再次进入食物链,如此反复的物质运动过程,称为营养物质循环。根据循环的范围、路径和周期,物质循环可分为三种循环类型。一类是生物化学循环,指营养元素在生物体内的再分配。由于发生在植物体内,范围小、周期短。植物不单只靠根和叶吸收养分满足其生长,还会将贮存在植物体内的养分转移到需要的部位,如养分从叶子移向幼嫩的生长点或将其贮存在树皮或体内某处。欧洲松四年生针叶即将脱落之前比其原重减少17%,N、P、K相应损失69%、81%和80%,损失的养分从针叶输出,先是贮存在靠近老叶的树皮和新枝里。这种植物体内养分的再分配,或进行生物化学循环,也是植物保存养分的重要途径。

第二种类型是生物地球化学循环,指化学元素在生态系统内部的运动。由于范围只局限于某一个生态系统内,以生物为主体与环境之间进行迅速的交替,流速快、周期短。为了说明生物地球化学循环中养分的动态,将生态系统分为:活有机体或活生物量、死生物量(死亡生物和排泄物)、有效的无机养分(土壤中),以及间接有效的无机和有机养分(在大气、煤、石灰岩等岩石中)。如森林生态系统中,林木及其他植物吸收有效无机养分,一部分保留在活有机体内(植物和动物),另一部分如碳和氧可经呼吸作用直接归还无机养分分室,其他部分以枝叶淋溶、凋落物和动植物残体(死生物量)归还土壤,再保留一部分在活有机体内(微生物),其余分解成为有效的无机养分,构成一轮完整的循环 C 动物通过进食和饮水也能同化很多重要元素,如钠、磷和钙等。间接有效的无机和有机养分根系吸收困难,主要靠地质作用,因此进入养分循环的速度非常缓慢。

第三种循环是指不同生态系统之间的循环,即地球化学循环。一般来说,这种循环周期长、范围大,甚至到整个生物圈,例,降雨可将养分和其他物质从一个生态系统(如海洋)转移到另一个生态系统(如陆地)中去,溪流、江河水可使养分从森林流入海洋。农田生态系统中呼吸放出的二氧化碳,可随大气环流,吹入森林或水面,被正在进行光合作用的森林或水中植物利用。有时距离可能很近,如一些营养物质随流水从上坡转移到下坡。这种循环一般很难重复回到同一空间或路线,如某元素一旦离开某生态系统,可能永不返回。循环时间相当长,如海底沉积的养分,可长达数百万年。有时可能很短,如二氧化碳进入某一生态系统,通过光合作用和呼吸作用,可能在数小时就会离去,但若贮存在有机物质中,如在系统内又未及时分解,则可以保存数千年(如木材、煤等)。根据元素的不同循环途径或贮存库,地球化学循环可区分为气相循环和沉积循环。

物质循环是地球上物质运动的一种重要形式,这种物质的循环运动,是保持地球环境相对稳定,从而维持生命系统所必需的。例如,各种生物呼吸要消耗大量氧气,有了物质的不断循环运动,空气中的氧气才无大的改变,要不然,由于呼吸消耗,氧气终会枯竭,生命系统也将窒息而亡;没有物质循环,动植物的排泄物和死亡的残体因无法分解,会在地面堆积如山,无机环境中的养分也终会枯竭,初级生产者因无养分来源而不能生存,最终导致整个生态系统的崩溃。

2. 气相循环

气态循环的贮存库主要是大气圈和水圈。N_2、O_2、CO_2、H_2O 等都属于气相循环类型。参与循环的物质以气体的形式在大气中扩散,通过大气环流到达陆地或海洋,可以被植物重新吸收利用,因此,具有明显的全球性特点。

对地球上的生命来说,水循环的意义巨大。没有水就没有生命,没有水的循环,养分循环就没有介质(液态和气态水)。而且,通过植物的光合作用和呼吸作用,水分循环与 O_2 和 CO_2 联系在一起。

碳循环是另一类重要的物质循环,以气态形式为主,因生物体中的碳素主要来源于大气

中 CO_2。光合作用和呼吸作用是驱动碳循环的两个相反过程，CO_2 是碳素在大气圈、水圈和生物群落之间流动的主要载体。从历史过程看，岩石圈仅仅起了很小的作用；而化石燃料在人类开采以前还是一个静止状态的碳库。陆地植物利用大气中的 CO_2 作为光合作用的碳源，而水生植物则可利用溶解水中的碳酸盐（水圈中的碳）。这两个小循环通过大气圈和海洋之间 CO_2 的交换联系进来。

大气中 $CO_2 \rightleftarrows$ 溶解的 CO_2

$CO_2+H_2O \rightleftarrows H_2CO_3$

另外，在陆地和海洋中，由于碳酸岩类如石灰石等风化作用，碳的存在形式是重碳酸盐。

$CO_2+H_2O+CaCO_3 \rightleftarrows CaH_2(CO_3)_2$

通过植物、动物和微生物的呼吸作用，固定在光合产物中的碳又释放到大气圈和水圈的碳分室中。

在全球氮循环中，大气是主要的贮存库，氮的含量占大气总体积的 79%，其作用占优势。气态氮（N_2）无法被绝大多数高等植物直接利用，只有氨态氮、硝态氮，才能直接被植物吸收利用。微生物的固氮和脱氮尤其重要。地球上生物固氮每年达 5400 万 t，其中与豆科植物共生根瘤菌固氮达 1400 万 t。含氮有机化合物经微生物作用分解为氨或硝酸盐，一部分可再次被植物吸收，另一部分硝酸盐则被反硝化细菌作用，氮被还原为气态的氧化亚氮和分子氮，这个过程叫反硝化作用的脱氮作用。大气中氮也可由暴风雨时的闪电放电来固定，然后以硝酸的形式随雨水到达地面，但通过这种途径的固氮量仅占 3%~4%。虽然氮通过溪流从陆地流入水体的数量较小，但对水体生态系统却很重要，因为氮素是经常限制水体中植物生长的两个主要因子之一（另一因子是磷）。另外，每年有小部分氮沉积在海洋中而损失掉。人类活动也增加对生态系统氮素的输入，如氮肥厂工业固氮制造肥料。在一个管理良好的农业生态系统中，氮的输入和输出处于动态平衡状态，植物从土壤中吸收的氮素通过施用化肥和人畜肥得到补充，初级产品一部分（粮食、果品、饲料等）移出系统，一部分剩余物（如秸秆、根等）归还于土壤中，其中有机态氮经氨化作用和硝化作用生成亚硝酸和硝酸根，硝酸根可被植物重新吸收，亚硝酸根则可还原成氮返回大气。

人为活动对气相循环的影响，已产生各种各样的环境问题。滥伐森林、盲目开垦草原，结果造成土壤有机质暴露，加速了有机质的分解，并由于水土流失，生态系统的土壤贮库中的氮迅速减少。生产、生活，每天都造成大量的一氧化碳、二氧化碳、氮和硫的氧化物，以及各种有机物质进入气体循环。工业废气等大量增加了大气中的 N 和 S 的氧化物，产生酸雨现象，成为全球最普遍的一种污染；汽车和工厂燃烧的化石燃料产生的氧化氮，主要是二氧化氮在阳光的照射下，产生的原子氧与碳氢化合物起反应，从而形成原子团，然后又产生许多次生的污染物，如甲醛、乙醛、过氧乙酰硝酸酯等，造成光化学烟雾，对人体和动植都有很大的危害。工业废气、粉尘及炉灶中放出的烟气等，特别是煤、石油等化石燃料的燃烧，放出的一氧化碳、二氧化碳，与甲烷、氯氟燃化合物等并称为温室气体，能产生温室效应，这些气体犹如覆盖着的玻璃或塑料棚，吸收从地球表面反射的长波太阳光，使地球处于长期变暖的趋势。过量施用氮磷肥及生活污水等，造成过多的氮、磷流入地下水、江河、湖泊和河口湾，引起富营养化现象，由于水生植物的分解过程超过生产过程，因此水体严重缺氧，造成鱼类等水生动物的大量死亡。

3. 沉积循环

以沉积型方式循环的物质有磷、硫、钾等多种元素，其贮存库是岩石圈和土壤圈。这些元素通过岩石风化等作用释放出来参与循环，首先是经植物吸收利用并沿着食物链转变为动物体的营养物质。然后，动植物的残体、排泄物经微生物分解后，一部分残留在土壤中，另一部分无机盐类从陆地流入海洋。其中一部分可以在海洋中沉积下来，进入地壳形成岩石从而暂时离开循环，经地质演化过程海洋上升为陆地，随着岩石风化过程释放出来重新进入生态系统。但有些元素随其理化性质、生物作用和环境条件不同，有时参与气态循环，有时参与沉积循环。例如碳和硫在干旱地区是以气态从系统中输出，而在多雨地区，大量气态碳和硫的氧化物溶于水，随溪流输出系统之外。

磷是生物不可缺少的重要元素。生物的代谢过程都需要磷的参与，如光合作用过程中没有磷就不能形成糖。磷是核酸、细胞膜和骨骼的主要成分，腺苷三磷酸中的高能磷酸键是细胞内一系列生化作用的能量。磷不存在任何气体形式的化合物，所以磷的循环是典型的沉积循环。磷的主要贮库在土壤水、河流、湖泊、岩石以及海洋沉积物中。磷不断从陆地流入海洋并沉积下来，从海水中每年沉积的磷约 $1.3 \times 10^9 t$。经风化从岩石中释放出来的磷，进入陆地生态系统，循环一段时间后，通过地下水进入溪流。然后，经曲折的路径，在地表水和地下水之间往返运动上百回，才到达海洋，千百年后以特殊的形式沉积起来。

人类对磷循环的影响是大规模地开采磷酸盐矿，从而加快了磷流入海洋的速度。虽然海洋中的磷酸盐，可以通过海鸟排泄物和人类捕鱼而返回陆地，但这种形式远不能补偿流入海洋的损失。而且，陆地上的磷矿是一种有限的资源，如无节制和不合理的开发利用将最终导致资源的枯竭。

硫是原生质体的重要成分，没有硫则不能形成蛋白质。全球磷循环中，岩石圈所起的作用占据主导地位，而氮循环则以大气圈起主要作用。与之相比，岩石圈和大气圈对硫循环的作用则相同。有三种生物地球化学过程可将硫释放到大气中：①海水飞沫形成气溶胶（$4.4 \times 10^6 t/a$）；②火山运动（较少）；③硫化细菌的厌氧呼吸（33~230t/a）。硫细菌从沼泽等积水地生物群落中，以及海洋群落释放出 S 的还原物如 H_2S。大气中的硫化物则氧化为硫酸盐，再通过干沉降和湿沉降回到地面，每年约 $2.1 \times 10^7 t$ 返回陆地，$1.9 \times 10^7 t$ 返回海洋。岩石风化提供的硫约占一半，随水流入河溪、湖泊，其余的一半则来源于大气。在入海之前，一部分可利用的硫被植物吸收，沿着食物链，经过分解过程再次被植物利用。但是，与磷和氮比较，参加陆地生态系统或水体生态系统内循环过程的硫只占很小一部分，其结果，硫不断地在海洋中沉积损失掉，主要是非生物的沉积过程，如 P¾S 与铁生成含铁的硫化物（使海水和淡水沉积物呈黑色）。

空气中硫的含量与人的身体健康密切相关，因此，现在往往将硫的浓度作为空气污染严重程度的指标。人类活动对硫循环的影响也很大，主要是生产、生活中化石燃料的燃烧，每年向大气中输入的二氧化硫为 1.47×10^7 t，其中 70% 都是来源于煤的燃烧。大气中硫的化合物（H_2S 和 SO_2）能很快氧化形成亚硫酸盐和硫酸盐，虽然部分可被植物吸收，但这两种硫酸盐与水汽结合形成硫酸，能够改变雨水的 pH 值，当降雨或降雪的 pH 值 < 5.6 时，则被称为酸雨。酸雨对人类和大多数生物是有害的。大气中的硫酸即使不形成酸雨，也对人和动物的呼吸道产生刺激作用，如果是细雾状的微小颗粒，还能进入肺，损害人及动物的健康。

4. 有毒污染物的循环

工农业生产、交通运输及日常生活产生的污染物或废弃物，不断地排放到周围环境中，造成大气污染、水体污染、土壤污染、噪声污染、农药污染和核污染等，进入生态系统后，通过食物链富集或被分解，有时则直接对生物产生严重的危害，并导致生态系统结构和功能的改变。有毒有害污染物，有的原来就存在于自然界中，如汞、铅、镉等重金属元素是由于矿山的开发、"三废"的排放进入到生物地球化学循环中；有的原来并不存在，如放射性锶是由铀分裂（原子弹试验及原子能利用）的结果产生的；农药等是人工合成的有机化合物。这些物质顺着食物链而移动，在生物体中的浓度随营养级往上而增加，产生生物的富集作用或放大作用。通过富集作用，有毒物质的污染程度增高。以下举例说明几种污染物的富集现象。

锶在生态系统中的流动，就像必须元素钙一样，被植物所吸收，然后沿食物链转移到动物。据研究，土壤被放射性锶污染后，生长的青草中锶的含量是土壤锶含量的 21 倍，牛吃了青草后体内放射性锶含量是青草的 700 倍，而吃了这种牛的肉及其奶制品的人体中放射性锶含量会更大，主要集中在骨骼中，可能诱发癌变。

汞是剧毒物质，但因作为工业用催化剂和电极材料，长期以来不断输入到生态系统中。汞在岩石中是痕量物质，但由于人类生产活动将其释放到大气、土壤和水体环境中后，会产生生物富集，从水中不足 $1\mu g/L$，海藻中为 $100\mu g/L$，在鱼体中可达 $1122\mu g/L$。

半个多世纪以来，人类大量地使用杀虫剂来防治病虫害。但在最初一段时间，杀虫剂对生态系统的影响，未能引起人们的注意。直到 R.Carson 的《寂静的春天》一书揭露了有机氯杀虫剂等农药的危险后才被重视。DDT 是一种人工合成的有机氯杀虫剂，曾对农业虫害起到了很好的防治效果，瑞典学者因发明 DDT 而获得诺贝尔奖。它具有稳定、不易分解且易扩散、易溶于脂肪的特点，往往积累在动物的脂肪里，很容易被生物吸收，一旦进入人体内就不能排泄出去，因为只有水溶性物质才容易排出体外。在南极和北极的鱼类、鸟类和其他动物的体内都检测到 DDT、DDE 成分，说明 DDT 参加了全球性的生物地球化学循环。DDT 经降解，可变成 DDE，半衰期 20 年。DDT 可以被吸附到微粒上，可以被大气循环所输送，然后随雨水返回大地和海洋。喷洒的 DDT 进入生态系统并通过食物链加以富集有以下两条途径：①植物的根、茎、叶吸收后，不断累积，经草食动物、一级肉食动物、二级肉食动物等逐级浓缩；②土壤中的 DDT 直接被土壤动物吸收，如蚯蚓取食土壤中有机物碎片等，再被小鸡等食虫动物所捕食，又进一步被其他食肉动物所摄取，从而逐级放大或缩小。

很多研究表明，有害物质进入生态系统之后，不仅直接危害人类身体的健康，而且通过破坏生态系统的平衡,给人类带来物质上和经济上的损失。难以分解的高残留农药、硫的氧化物、氮的氧化物、电磁波、电离辐射以及核辐射等,都会引起生物群落组成变异,结构简化,系统内贮存营养物质损失以及其他各种不良后果。因此,人类在管理、利用生态系统和开发建设时,必须经常谨慎从事,以免造成不可挽回的损失。而对生态系统结构、功能、调节机制和稳定性的认识和了解,不仅有助于对生态系统的保护和科学管理,也有助于对环境的控制、改造和治理。

5. 物质与能量的关系

能量一旦转变成热量,就不能再被生物利用来做功或为生物有机物质的合成提供能量。热能消失在大气中,永远不能再循环。地球上生命之所以生存,是因为每天都有可利用的太阳能供应。与能量相比,营养元素却可重新利用。能量流动和物质循环的关系可由图2-4看出。化学营养元素是建造生物量的材料,可以再利用,再循环是关键。与太阳辐射能不同,营养元素没有不变的外来供应,一些合成进入生物物质后,群落外剩余量将减少。如果植物及其消费者最终不被分解,养分供应将会枯竭,地球上的生命活动就会停止。分解食物链系统在物质循环中起着重要作用。

图2-3是一种非常简化的描述,因为并非分解所释放的全部养分都会被植物再吸收利用。养分循环绝不会是完全的,一部分营养元素以液态或气态的形式从土地上流失,而且,群落还会从岩石风化和降雨中得到额外的养分供应。

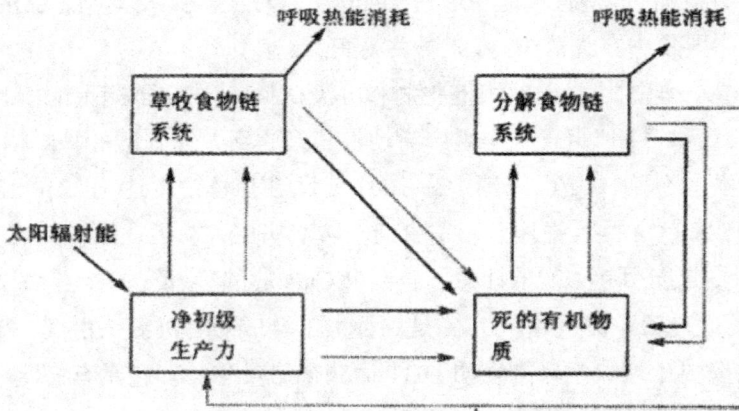

图 2-3 能量流动（——）和物质循环（……）关系示意图

三、生态系统的信息传递

信息一词源于通信工程科学,通常是指包含在情报、信号、消息、指令、数据、图像等传播形式中新的知识内容。生态系统中,环境就是一种信息一年四季及昼夜日照变化。流入森林的河流滋润着土壤,并带来了外界的各种养分,同时,河水的涨落、水中养分的变化也都给森林带来了信息。这些信息主要从时间上的不均匀性表现出来的。另外,不同的土质、射入森林的阳光被枝叶遮挡后光强、光质的变化等,都是物质能量空间分布不均匀性的例子。生态系统信息传递不像物质流那样是循环的,也不像能量那样是单向的,而往往是双向的,有输入到输出的信息传递,也有从输出向输入的信息反馈。在沟通生物群落内各种生物种群之间关系、生物种群和环境之间关系方面,生态系统的信息传递起着重要作用。生态系统中包含多种多样的信息,大致可以分为营养信息、物理信息、化学信息、和行为信息等。

(一)营养信息的传递

在生态系统中的食物链和食物网就是一个生物的营养信息系统,各种生物通过营养关系联系成一个互相依存和相互制约的整体。通过营养交换把信息从一个种群传到另一个种群。最简单的例子是,在草原上羊与草这两个生物种群之间,当羊多时,草就相对少了;草少了反过来又使羊减少。因此,从草的多少可以得到羊的饲料是否丰富的信息,以及羊群数量的信息。因此,在畜牧业生产上,应根据营养信息规律注意饲养畜禽的数量与饲料量相适应,保持一定的平衡关系,也就是说畜禽数量要根据饲料提供的信息而定,例如,在草原牧区,草原的载畜量必须根据牧草的生长量而定,使牲畜数量与牧草产量相适应。如果不顾牧草提供的营养信息,超载过牧,就必定会因牧草饲料不足而使牲畜生长不良和引起草场退化。

(二)行为信息的传递

许多植物的异常表现和动物的异常行动传递了某种信息,可通称为行为信息。有的动物需要传递某种信息时,常表现出有趣的行为方式。如蜜蜂发现蜜源时,就有舞蹈动作的表现,以"告诉"其他蜜蜂去采蜜,在蜜源较近时,作圆舞姿态,蜜源较远时,则作摆尾舞等;其他工蜂则以触觉来感觉舞蹈的步伐,得到正确飞翔方向的信息。动物之间传送的信息可能是识别、威吓、警告、挑战、优势或从属信号,或者是配对的预兆等。这种表现在种内,但也可能为其他物种提供某种信息。

(三)物理信息的传递

生态系统中以物理过程为传递形式的信息称为物理信息,如光、声、热、电、磁等。高空中鹰通过视觉发现地面的兔子,这是一个光信息传递的过程,兔子是发射信息的信源。鸟叫、虫叫都可以传达安全、惊慌、恐吓、警告、求偶、寻食等各种信息。含羞草在强烈声音的刺激下,就会表现出小叶合拢、叶柄下垂的运动。鳗鱼、蛙鱼等能按照洋流形成的地电流来选择方向和路线。植物同动物一样,其组织与细胞之间存在着电现象,因为活细胞的膜都存在着静电位,任何外部刺激,包括电刺激都会引起动作电位产生,形成电位差,引起电荷的传播,植物细胞就是电刺激的接收器。在广阔的天空中候鸟成群结队南北长途往返飞行都能准确到达目的地,特别是信鸽千里传书而不误;原野上,工蜂无数次将花蜜运回蜂巢,在这些行为中,动物主要依靠自己身上的电磁场,与地球磁场相互作用确定方向和方位。植物对磁场也有反应,据研究,在磁异常的地方播种小麦、黑麦、玉米、向日葵及一年生牧草,其产量比正常地区低。蒲公英即使在很弱的磁场中,开花也要晚得多,在磁场中长期生长则会死亡。

（四）化学信息的传递

在生态系统中，有些生物的代谢产物（如性激素、生长素等化学物质）进行的信息传递，也能影响生物种内及种间关系。生态系统的各个层次都有生物代谢产生的化学物质参与传递信息、协调各种功能，这种传递信息的化学物质通称信息素。在各种群的内部，通过种内信息素协调个体之间的活动，而在群落内部，通过种间信息素调节种群之间的活动。某些生物自身毒物或自我抑制物，以及动物密集时积累的废物，具有驱避或抑制作用，使种群数量不致过分拥挤。种间信息素在群落中有重要作用，已知结构的这类物质约 0.3×10^4 种，主要是次生代谢物生物碱、菇类、黄酮类、非蛋白质有毒氨基酸，以及各种昔类、芳香族化合物等。

生物之间传递化学信息，有的相互制约，有的相互促进，有的相互吸引，有的则相互排斥。例如，蚂蚁爬行留下的化学痕迹，是为了让其他蚂蚁跟随。许多哺乳动物（虎、狗、猫等）以尿标记它们的领域。许多动物的雌性个体释放体外性激素招引种内雄性个体等。有些动物在遭遇天敌侵扰时，往往会迅速释放报警信息素，通知同类个体逃避。如七星瓢虫捕食棉蚜虫时，被捕食的瓢虫会立即移放警报信息素，于是周围的蚜虫纷纷跌落。

第五节　生态系统的平衡

一、生态平衡的概念

生态学上的平衡概念是指某个主体与其环境的综合协调。从这一意义上说，生命系统的各个层次都涉及生态平衡的问题。如种群和群落的稳定不只受自身调节机制的制约，同时也与其他种群或群落及许多其他因素有关。这是对生态平衡的广义理解。狭义的生态平衡就是指生态系统的平衡，简称生态平衡。具体来说，在一定时间内，生态系统中生物与环境之间，生物各种群之间，能通过能流、物流、信息流的传递，达到互相适应、协调和统一的状态，处于动态的平衡之中，这种动态的平衡称为生态平衡。

生态系统通过发展、变化、调节，达到一种相对稳定的状态，包括结构上的稳定、功能上的稳定和能量上输入、输出上的稳定。生态平衡是动态的，因为能量流动和物质循环总在不间断地进行，生物个体也在不断地进行更新。在自然条件下，生态系统总是朝着种类多样化、结构复杂化和功能完善化的方向发展，直到使生态系统达到成熟的最稳定状态为止。生态系统中的各组成成分内部及它们之间都处于不断运动和变化之中，生物量由少到多，食物链由简单到复杂，群落由一种类型演替成另外一种类型，从而使整个生态系统不断地发展变化。当生态系统中某一部分发生改变从而引起不平衡，可依靠生态系统的自我调节能力，使其进入新的平衡状态。生态系统调节能力的大小，与生态系统组成成分的多样性有关。成分越多样，结构越复杂，调节能力就越强。但是，生态系统的调节能力再强，也是有一定限度，超出了这个限度，即生态学上所称的阈值，调节就不再起作用，生态平衡就会遭到破坏。如果现代人类的活动使自然环境剧烈变化，或进入自然生态系统中的有害物质数量过多，超过自然生态系统调节功能或生物与人类能够忍受的程度，那么就会破坏自然生态平衡，使人类和生物都受到损害。

自然生态系统的平衡并不一定总是适应人们的需要。自然界的顶级群落是很稳定的生态系统，该生态系统可以说是达到生态平衡了，但它的净生产量却不能满足人们的生产、生活的目的。从人类对食物和纤维等的大量需求来看，我们基本上不能依靠这种自然界原有的生态平衡的系统，而需要建立各种各样的农业生态系统、人工林生态系统。与自然生态系统相比较，农业生态系统是很不稳定的，但它能给人类提供更多的家畜产品，它的平衡和稳定需靠人类来维持。

但自然界原有生态平衡的系统也是人类所必需的。它对于维持适宜人类居住的地球和区域环境，保护珍贵动植物种质资源和科学研究等方面都具有重要的意义。还应指出的是，生态平衡不只是一个系统的稳定与平衡，而是意味着多种生态系统的配合、协调和平衡，甚至是指全球各种生态系统的稳定、协调和平衡。

二、生态平衡的标志

（一）生态系统中物质和能量的输入、输出的相对平衡

任何生态系统都是程度不同的开放系统，既有物质和能量的输入，也有物质和能量的输出，能量和物质在生态系统之间不断地进行着开放性流动。只有生物圈这个最大的生态系统，对于物质运动来说是个相对封闭的，如全球的水分循环是平衡的；营养元素的循环也是全球平衡的。生态系统中输出多，输入相应也多，如果入不敷出，系统就会衰退。若输入多，输出少，则生态系统有积累，处于非平衡的状态。人类从不同的生态系统中获取能量和物质，增加系统的输出，应给予相应的补偿，只有这样能使环境资源保持永续再生产。

（二）在生态系统整体上，生产者、消费者、分解者应构成完整的营养结构

对于一个处于平衡状态的生态系统来说，生产者、消费者、分解者都是不可缺少的，否则食物链就会断裂，会导致生态系统的衰退和破坏。生产者减少或消失，消费者和分解者就没有赖以生存的食物来源，系统就会崩溃。例如，大面积毁林毁草，迫使各级消费者转移或消逝，分解者也会因土壤遭到侵蚀，使其种类和数量大大减少。消费者与生产者在长期共同发展过程中，已形成了相互依存的关系，如生产者靠消费者传播种子、果实、花粉，以及疏叶和整枝等。没有消费者的生态系统也是一个不稳定的生态系统。分解者完成归还或再循环的任务，是任何生态系统所不可或缺的。

（三）生物种类和数量的相对稳定

生物之间是通过食物链维持着自然的协调关系，控制物种间的数量和比例。如果人类破坏了这种协调关系和比例，使某种物种明显减少，而另一些物种却大量滋生，破坏系统的稳定和平衡，就会带来灾害。例如，大量施用农药使害虫天敌的种类和数量大大减少，从而带来害虫的再度猖獗；大肆捕杀以鼠类为食的肉食动物，会导致鼠害的日趋严重。

（四）生态系统之间的协调

在一定区域内，一般包括多种类型的生态系统，如森林、草地、农田、江河水域等。如果在一个区域内能根据自然条件合理配置森林、草地、农田等生态系统的比例，它们之间就可以相互促进；相反，就会对彼此造成不利的影响。例如，在一个流域内，陡坡毁林开荒，就会造成水土流失，土壤肥力减退，并且致使淤塞水库、河道，农田和道路被冲毁以及抗御水旱灾害能力的下降等后果。

三、导致生态平衡失调的原因

（一）生态平衡失调的标志

当外界干扰（自然的或人为的）所施加的压力超过了生态系统自身调节能力和补偿能力后，将造成生态系统结构破坏，功能受阻，正常的生态功能被打乱以及反馈自控能力下降等，这种状态称为生态平衡失调。

在结构上，生态平衡失调节表现为生态系统缺损一个或几个组分，由于结构的不完整，以致整个系统失去平衡。如澳大利亚草原生态系统因缺乏"分解者"这一成分，养牛业发展使草原上牛粪堆积如山，而后从我国引进蜣螂，促进了生态系统的完整与平衡。

在功能上，一方面表现为能量流动在生态系统内某一个营养层上受阻，初级生产者生产力下降和能量转化效率降低。如水域生态系统中悬浮物的增加，水的透明度下降，可影响水体藻类的光合作用，减少其产量；热污染使水体增温，蓝绿藻种类明显增加，初级生产力有所增加（极端高温等除外），但因鱼类对高温的不适应或饵料质量的下降，鱼产量并没有增高，在局部时空出现大量的无效能。这是食物链关系被打乱的结果。另一方面，表现为物质循环正常途径的中断。这种中断有的由于分解者的生境被污染而使其大部分丧失了其分解功能，更多的则是由于破坏了正常的循环过程等。如农业生产中作物秸秆被用作燃料、森林草原上的枯枝落叶被用作烧柴、森林植被的破坏使土壤侵蚀后泥沙和养分大量地输出等。

（二）生态系统失去平衡的原因

1. 自然原因

主要是指自然界发生的异常变化，或者自然界本来就存在的对人类和生物的有害因素。如火山爆发、山崩海啸、水旱灾害、地震、台风、流行病等自然灾害，都会使生态平衡遭到破坏。这些自然因素对生态系统的破坏是严重的，甚至可使其彻底毁灭，并具有突发性的特点。

但这类因素常是局部的,出现的频率并不高。例如,秘鲁海面每隔 6~7 年就会发生一次海洋变异现象,结果使一种来自寒流系的鱼大量死亡。鱼类的死亡又使以鱼为食的海鸟失去食物而无法生存。

2. 人为原因

人为因素主要是指人类对自然资源不合理的开发利用以及工农业生产所带来的环境污染等。人为因素对生态平衡的影响往往是渐进的、长效性的,破坏性程度与作用时间、作用强度紧密相关的。在人类生活和生产过程中,导致生态系统失去平衡的主要原因有:

（1）物种改变

人类有意或无意地造成某一生态系统中某一生物消失或往其中引入某一物种,都可能对整个生态系统造成影响,甚至破坏一个生态系统。例如,秘鲁是一个盛产磷石肥料的国家,但一度因大量捕捞一种名叫 & 是鱼的鱼类资源,不但使秘鲁农业中磷肥的施用量大为减少,磷肥的外贸也遭受重大损失。其原因是海鸟和鸿鸽以该种鱼类为生,而海鸟和鸿鸽的粪便则是磷石肥的基本来源,由于大量捕捞豌鱼,打乱了这条食物链,致使海鸟、河鸽数量锐减;它们的粪便少了,磷石肥料当然也大大减少了。又如,菊科杂草紫茎泽兰原产缅甸,大约于 20 世纪 40 年代传入我国云南省南部,近 10 年来,已从密集分布的云南南部,沿纵谷北上向中亚热带地区发展,引起了"生态灾难"。

（2）环境因素的改变

工农业生产的迅速发展,使大量污染物质进入环境,从而改变生态系统的环境因素,影响了整个生态系统,甚至破坏生态平衡。埃及的阿斯旺水坝,由于修筑时事先没有把尼罗河的入海口、地下水、生物群落等当作一个统一整体,充分考虑生态系统的多方面影响,尽管收到了发电、灌溉的效果,但同时也带来了农田盐渍化、红海海岸被侵蚀、捕鱼量锐减、寄生血吸虫的蜗牛和传播疟疾的蚊子增加等不良后果,这是生态平衡失调的突出例子。

（3）信息系统的破坏

许多生物在生存过程中,都能释放出某种信息素(一种特殊的化学物质)从而驱赶天敌、排斥异种,取得直接或间接的联系以繁衍后代。例如,某些动物在生殖时期,雌性个体会排出一种信息素,靠这种性信息引起雄性个体来繁衍后代。但是,如果人们排放到环境中的某些污染物质与某一种动物排放的性信息素发生反应,使其丧失引诱雄性个体作用时,就会破坏这种动物的繁殖过程,改变生物种群的组成结构,使生态平衡受到影响。

四、生态学的一般规律

认识和掌握生态学规律,对于维持生态平衡,解决当前全球所面临的重大资源与环境问题具有重要作用,对工农业生产、工程建设和环境保护等具体工作中也有着重要的指导意义。生态学的一般规律可归纳为以下几个主要方面:

（一）相互依存与相互制约规律

生态系统中生物与生物、生物和环境相互依存、相互制约，具有和谐协调的关系，是构成生态系统或生物群落的基础。这种协调主要分为两类。

1. 普遍的依存与制约关系，亦称"物物相关规律"

系统中不仅同种生物，而且异种生物即系统内不同种生物都是相互依存、相互制约的；不同群落或系统之间，也同样存在相互依存和制约的关系，也可以说是相互影响。这种影响有的是直接的，有的是间接的；有的立即表现出来，有的则滞后一段时间再表现出来。总之，生物间相互依存与相互制约的关系，无论是在动物、植物、微生物中，或在它们之间，都是普遍存在的。因此，在生产建设中特别是排放废弃物、施用化肥农药、采伐森林、开垦荒地、猎捕动物、修建大型水利工程及其他重要建设项目时，务必注意调查研究，重视诸事物间及其与环境的关系，统筹兼顾，通盘考虑，做出科学、合理、不破坏环境的部署和安排。

2，通过食物链而相互联系与制约的协调关系，亦称"相生相克规律"

每种生物在食物链和食物网中都占有一定位置，并有特定的作用。各种生物因此而相互依赖、彼此制约、协同进化。如被捕食者为捕食者提供生存条件，又为捕食者所控制，而捕食者同时也受制于被食者，彼此相生相克，使整个系统处于协调状态，成为一体。或者说，系统中各种生物个体都保持一定数量，它们的大小、数量都存在着一定的比例关系。生物间的相生相克作用，使生物保持数量上的相对稳定，这是生态平衡的重要方面。

（二）物质循环与再生规律

生态系统中植物、动物、微生物和非生物成分，借助能流，不断从自然界摄入物质并合成新的物质，另一方面又随时分解成为原来的简单物质（即所谓的"再生"），重新被植物吸收，进行着不停的物质循环。因此，要严禁有毒物质进入生态系统，以免有毒物质经过多次循环后富集到危害人类的程度。由于流经自然生态系统中的能量是单向，不可逆的，也是无法回收利用的，为充分利用能量，必须设计出能量利用率高的人工系统或半人工系统，这在农林生产中是有实际意义的。

（三）物质输入与输出动态平衡规律

物质输入与输出平衡又称协调稳定规律。它涉及生物、环境和生态系统三个方面。生物体一方面从周围环境摄取物质，另一方面又向环境排放物质，以补偿环境损失。对于一个稳定的生态系统，无论对生物、对环境、对生态系统，物质输入与输出总是相平衡的。当生物体的输入不足时，例如农田肥料不足，农作物生长就不好，产量下降。同样，如果输入污染物，如重金属、难降解的农药及塑料等，生物吸收虽然少，暂时看不出影响，但它也会因积累而危害农作物。

另外，对于环境而言，如果营养物质输入过多，环境自身吸收不了，就会打破原来输入输出的平衡，出现富营养化现象，最终势必破坏原来的生态系统。

（四）相互适应与补偿的协同进化规律

生物与环境之间存在作用与反作用过程。生物给环境以影响，反过来环境也会影响生物。例如，最初生长在岩石表面的地衣，由于没有土壤可供扎根，获得的水分和营养元素就十分的少。但地衣生长过程中的分泌物和地衣残体的分解，不但把水和营养元素归还给环境，而且还生成不同性质的物质；促进了岩石风化。这样，环境保存水分的能力增强，可提供的营养元素也多了，为较高级植物苔藓生长创造了条件。如此下去，以后在这一环境中便逐

渐出现了草本植物、灌木和乔木。这就是生物与环境相互适应和补偿的结果，形成了协同进化。协同进化规律使生物从无到有，从低级到高级发展，而环境由光秃秃的岩石，向有相当厚度的土壤变化，并向适于高等植物和各种动物生存的环境演变。如果因某种原因破坏了生物与环境相互适应与补偿的关系，例如某种生物过度繁殖，环境就会因物质供应不足而造成生物的饥饿死亡，反之亦然。

（五）环境资源的有效极限规律

生态系统中，生物赖以生存的各种环境资源在质量、数量、空间和时间等方面，都有其一定的限度，不能够无限制地供给，因而其生物生产力通常都有一个大致的上限，也因此，每个生态系统对任何外来干扰都有一定的忍耐极限。当外来干扰超过此极限时，生态系统就会被损伤、破坏，甚至瓦解。所以，放牧不能超过草场承载量；采伐森林、捕鱼、狩猎、采集药材等都不应超过使资源永续利用的产量；保护某一物种就必须有足够供它生长和繁殖的地域以及空间。

（六）反馈调节规律

自然生态系统几乎都属于开放系统，只有人工建立的、完全封闭的宇宙舱生态系统才可归属于封闭系统。开放系统必须依赖于由外界环境的输入，如果输入一旦停止，系统也就失去了功能。开放系统如果本身具有调节其功能的反馈机制，该系统就成为控制系统。所谓反馈，就是系统的输出可决定系统未来的输入；一个系统，如果其状态能够决定输入，就说明它有反馈机制的存在。反馈分为正反馈和负反馈。负反馈控制可使系统保持稳定，正反馈使偏离加剧。例如，在生物的生长过程中，个体越来越大，或在种群的增长过程中，个体数量不断上升，这都属于正反馈。正反馈也是有机体生长和存活所必需的。但是，正反馈不能维持稳态，要使系统维持稳态，只有通过负反馈控制。因为地球和生物圈是一个有限的系统，其空间、资源都是有限的，所以应该考虑用负反馈来管理生物圈及其资源，使其成为能持久地为人类谋福利的系统。

由于生态系统具有负反馈的自我调节机制，所以在通常情况下，生态系统会保持着自身的生态平衡。有人把生态系统比喻为弹簧，它能忍受一定的外来压力，压力一旦解除就又恢复初的稳定状态，这实质上就是生态系统的反馈调节。但是，生态系统的这种自我调节功能是有一定限度的，当外来干扰因素（如火山爆发、地震、泥石流、雷击火烧、人类修建大型工

程、排放有毒物质、喷洒大量农药、人为引入或消灭某些生物等)超过一定限度时,生态系统的自我调节功能本身就会受到损害,从而引起生态失调,甚至导致发生生态危机。为了正确处理人和自然的关系,我们必须认识到整个人类赖以生存的自然界和生物圈是一个高度复杂的具有自我调节功能的生态系统,保持这个生态系统结构和功能的稳定是人类生存和发展的基础。因此,人类的活动除了要讲究经济效益和社会效益之外,还必须特别注意生态效益和生态后果,以便在改造自然的同时能基本保持生物圈的稳定和平衡。

五、生态平衡的保持

保持生态平衡,促进人类与自然界协调发展,已成为当代亟待解决的重要课题。人类与自然及生态系统的关系是一种平衡和协调发展的关系。人类是受自然约束的生物种,它的生存和繁衍也必须受到自然资源和生物量的限制,受到环境的约束。要使人类与自然协调发展,保持生态平衡,人类的一切活动,首先是生产活动,都必须遵守自然规律,按生态规律办事。否则,人类就会遭受自然的无情惩罚。事实证明,人类只有在保持生态平衡的条件下,才能求得生存和发展。

当今生态学和生态平衡规律已成为指导人类生产实践的普遍原则。要解决世界五大问题(即人口、粮食、能源、自然资源和环境保护),必须以生态学理论为指导,并按生态规律办事。

对环境问题的认识和处理,必须运用生态学的理论和观点来分析。环境质量的保持与改善以及生态平衡的恢复和再建,都要依靠人们对于生态系统的结构和功能的了解,及生态学原理在环境保护中的应用。

要做到人类与自然协调发展,人类应特别注意的是:

第一,大力开展综合利用,实现自然生态平衡。运用生态系统中物质循环的规律,在综合开发自然资源时,将生产过程中的废物资源化并进一步利用。例如,铅厂生产 1t 氧化铅便排出 0.6~2.0t 赤泥。赤泥不仅占用农田,也污染水和大气。山东铅厂在生产铅的同时投资兴建水泥厂,用赤泥生产水泥,既减少了环境污染,又充分利用了资源。

第二,兴建大的工程项目时,必须考虑生态利益。兴建大的工程项目,必须从全局出发,既要考虑眼前利益,又要顾及长远影响;既要考虑经济效益,又要维持生态平衡。因为生态平衡被破坏的后果是全局性的、长期的,难以消除。因此,对一些重大工程必须审慎从事,事前应充分考虑到可能造成生态平衡被破坏,并尽可能制定相应的预防措施。例如,我国葛洲坝长江水利工程,在开始设计时忽视了鱼蟹等的洄游生殖规律,后经生态专家建议,采用人工投放鱼苗、蟹苗,并辅以其他相应措施,才保证了长江流域的渔业生产。

第三,合理开发和利用自然资源,保持生态平衡。人们在开发自然资源时,要遵循生态系统结构与功能相互协调原则,这样既可保持生态平衡,又可开发自然或改造环境。例如,草原应有合理的载畜量,超过了最大载畜量,草原就会退化;森林应有合理的采伐量,必须在保持森林生态系统平衡的条件下进行，不能滥伐森林、不能大面积掠夺采伐、不能采伐水源林等，否则会造成水土流失或环境破坏，森林不能恢复的严重后果；污染物的排放不能超过环境的自净能力，否则就会造成环境污染，危及生物的正常生活，甚至会造成死亡。

第三章　人类活动对生态环境的影响

人类活动引起的环境污染和生态破坏已经成为了全人类面临的最严重的挑战之一，已经威胁到我们人类的生存和发展。国外的一位国家元首曾这样说过，当前环境恶化是人类面临的除核战争之外的最大危险。英国的《每日电讯报》曾做过一次民意测验，测验的结果是公众认为当今全球的环境恶化相当于第三次世界大战。这并不是危言耸听，英国著名的生态学家爱德华，他也把全球的生态恶化比喻为没有枪声的第三次世界大战。他说，由于这场大战，大自然在衰退、在退化，其速度之快，以至于如果让这种趋势继续发展下去的话，地球将很快失去供养人类生存的能力。

人类的历史和地球的历史相比是非常短暂的，人类的历史只有二三百万年，而地球的历史有四五十亿年。人类的历史与地球的历史相比，可以说只是短短的一瞬间。可就是在这一瞬间，地球的面貌却发生了巨大的变化。人类用富有创造性的劳动，开发和改造了大自然，建设着自己的家园。但与此同时，人类也在污染和破坏着大自然，毁灭着自己的家园。现在地球上人口急剧增长，需要索取越来越多的资源和生存空间。而地球维持人类生存的能力却在一天天地衰退下去。所以，如果我们人类还不保护好自己的地球的话，那么人类将面临失去生存空间的危险。

第一节　环境污染

在环境中发生有害物质的积聚状态称为污染。具体地说，环境污染是指有害物质对大气、水体、土壤和动物、植物的污染，并达到了致害的程度。

1. 环境污染的分类

造成环境污染的因素大致可分为化学污染、物理污染、生物污染和广义范围内的环境污染及生态系统的失调。

（1）化学污染：某些单质及有机或无机化合物被引入环境而发生了化学破坏作用。如农药污染、化肥污染等。

（2）物理污染：粉尘及各种固体废弃物、噪声、恶臭、废热、震动、各种破坏性辐射线、地面沉降等。如烟尘污染、交通噪声污染以及温排水污染等。

（3）生物污染：各种病菌或霉菌对环境的侵袭。如医院废水污染等。

（4）生态系统失调：即生态系统自我调节能力丧失。

在这些污染中,化学污染是造成环境污染的主要原因。

根据污染对象的不同,环境污染可以划分为水体污染、大气污染、土壤污染、声环境污染等种类。

2.水体污染

天然洁净水由于人类活动而被污染的现象叫作水污染。造成水污染的原因有:工业废水、居民生活污水、农业生产污染物还有畜牧业废弃物等。

水在被使用后丧失了其使用价值,于是被废弃外排,这种被废弃外排的水就叫作废水。废水的基本特征就是被废弃了,它可能包含污染物,也可能不包含污染物。按照不同的分类方法,可对废水进行不同的分类。

根据水污浊程度可分为净废水和污水。例如,水电站尾水就是净废水,而生活污水则是被污染了的废水。

根据来源分类,可分为生活污水和生产废水。生活污水是日常居民生活中所产生的废水,而生产废水则是农业生产中产生的废水以及工业生产过程中产生的废水和废液,其中含有随水流失的工业生产用料、中间产物以及生产过程中产生的污染物。工业废水可按不同分类方法进行分类:按工业废水中所含主要污染物的化学性质分类,有含无机污染物为主的无机废水和含有机污染物为主的有机废水。例如,电镀废水和矿物加工过程的废水是无机废水,食品或石油加工过程的废水是有机废水。按工业企业的产品和加工对象可分为造纸废水、纺织废水、制革废水、农药废水、冶金废水、炼油废水等。按废水中所含污染物的主要成分可分为酸性废水、碱性废水、含酚废水、含氨废水、含有机磷废水和放射性废水等。

(1)废水中的污染物质。

在水体的自然循环中,没有遭受污染条件下的质量指标值叫作本底值。本底值中所包含的杂质叫作本底杂质,它是由非污染环境混入的物质。

废水中所包含的污染物的种类和性质同废水的来源密切相关。

废水中所包含污染物不同,其对环境造成的污染危害也不同。

一般来说,废水中包含以下五类污染物:

①固体污染物。固体物质在废水中以三种状态存在:溶解态、胶体态和悬浮态。其粒径范围为:溶解态 $d < 1nm$,胶 体态 $1nm < d < 100nm$,悬浮态 $d > 100nm$。

②有机污染物。绝大多数工业废水和全部生活污水都包含有机物种类繁多,一般采用综合指标来间接表达废水中的有机物含量。常用的指标有生化需氧量和化学需氧量。生化需氧量(BOD)是指微生物氧化分解有机物过程中所消耗的溶解氧量。化学需氧量(COD)是指使用化学氧化剂分解有机物过程中所消耗的氧量。

③有毒污染物。有毒污染物是指对生物能引起毒性反应的化学物质。废水的毒物包含无机毒物、有机毒物和放射性物质。

无机化学毒物包含重金属离子、氟化物和亚硝酸盐等。

有机化学毒物种类繁多,常见的有酚、醛、苯、硝基化合物、多氯联苯和有机农药等。

放射性物质是指具有原子裂变而释放射线的物质属性的物质。对人体有害的射线有 X 射线、α 射线、β 射线、γ 射线及质子束等。

④营养性污染物。氮和磷是植物和微生物的主要营养物质。废水中的氮和磷含量如果超过一定量（氮＞ 0.2mg/L，磷＞ 0.02mg/L）就会引起水体的富营养化。

当湖泊富营养化时，藻类则会大量繁殖，如图 3-5 所示。当海湾富营养化时，在海面上会出现赤潮，这对鱼类是极其不利的。

⑤生物污染物。生物污染物指废水中的致病微生物和其他有害有机物。生物污染物可来源于生活污水、制革厂废水、医院废水、生物制品厂等；其他还有感官污染物、热污染等。

（2）水体污染的危害。

水体污染可产生的危害有：

水污染对人体健康的影响主要表现在以下几方面：

其一，危害人体健康。

①引起急性或慢性中毒。水体受化学有毒物质污染后，通过饮水和食物链便可造成中毒，如甲基汞中毒（水俣病）、镉中毒（骨痛病）、硒中毒、氨中毒、农药中毒、多氯联苯中毒等。这是水污染对人体健康危害的主要方面。

②致癌作用。某些有致癌作用的化学物质，如砷、铬、银、铍、苯胺、苯芘花和其他多环芳烃等污染水体后，可在水中悬浮物、底泥和水生生物内蓄积。长期饮用这类水或食用这类生物就可能诱发癌症。

③发生以水为媒介的传染病。生活污水以及制革、屠宰、医院等废水污染水体，可引起细菌性肠道传染病和某些寄生虫病，如伤寒、痢疾、霍乱、肠炎、传染性肝炎和血吸虫病等。

④间接影响。水体受污染后，常可引起水的感官性状恶化，发生异臭、异味、异色、呈现泡沫和油膜等，抑制水体天然自净能力，影响水的利用与卫生状况。

其二，影响农业灌溉及农作物产量和品质。

农田灌溉必须符合国家《农田灌溉水质标准》的要求。如果采用污水灌溉，那么污水中包含的污染物就可能通过农作物根系的吸收，进入到农作物体内和果实内，有可能使农作物的产量大幅度下降和品质发生显著改变。

其三，影响渔业生产的产量和品质。

废水中的污染物进入到水体后，将污染水质及水体中的植物及微生物，通过食物链进入到鱼类、虾类和贝壳类动物体内，并可能在其中富集，从而影响水产品品质和产量。

其四，制约了以水为原料的工业生产。

废水进入到自然水域后，会影响水体的水质，特别是水的硬度、色度等，对造纸、酿酒、印染、漂染等以水为原料的工业生产产生不利影响。

其五，加速了生态环境的退化。

水污染可造成水体或土壤的污染，尤其是废水中可能存在的重金属对生物有着毒性污染的影响，使植物和动物遭受毒害，从而加速生态系统的退化。

其六,造成经济损失。

水污染由于污染水体、土壤,影响工农业和渔业生产的产品产量和品质,会造成巨大的经济损失。据有关部门统计,黄河水污染每年造成了百余亿元的经济损失;珠江流域水污染每年也造成了几十亿元经济损失。

3. 大气污染

大气污染是指在空气的正常组分外,增加了新的组分,或者原有的组分骤然增加,使空气中的污染物的数量超过了环境的自净能力,引起空气质量的恶化,从而危害人体健康和动植物生长,甚至引起自然界某些变化的现象。

(1)大气污染源。

大气污染的发源地称为大气污染源。

按污染物产生的原因,可分为天然污染源和人为污染源。

天然污染源是自然灾害造成的,如火山爆发喷出的大量火山灰和二氧化硫;有机物分解产生的碳、氮和硫的化合物;森林火灾时产生的大量的二氧化硫、二氧化氮、二氧化碳及碳氢化合物;大风刮起的沙土以及散布于空气中的细菌、花粉等。天然污染源目前还不能控制,但它所造成的污染是局部的、暂时的,通常在大气污染中只起次要作用。

人为污染源是人类生产和生活所造成的污染。一般所说的大气污染问题主要是指人为因素引起的污染。人为污染源可分为以下四类:

①生活污染源、工业污染源和交通污染源。

生活污染源是人类生活过程中排放污染物的设施。例如燃煤、燃油、燃气炉灶。在我国这是一种排放量大、分布广、排放高度低、危害性大的大气污染源。

工业污染源是人类生产过程中产生大气污染的污染源。大多数工业生产都排放污染大气的有害物质。工业对大气的污染主要来自燃料的燃烧和生产过程中排放的烟尘、毒气和其他有害物质。

交通污染源是指汽车、飞机、火车和船舶等交通工具排放的尾气中含有碳氧化物、氮氧化物、碳氢化合物、铅等污染物而造成大气污染。

②固定污染源和移动污染源。

固定污染源主要指排放污染物的固定设施。如工矿企业的烟囱、民用炉灶等。生活污染源和工业污染源也属于固定污染源。

移动污染源主要指交通污染源。如机动车尾气。

③点污染源、线污染源和面污染源。

点污染源是指一个或多个相距很近的固定污染源,其排放的污染物只构成小范围内的环境污染,可把这些污染源看成是点污染源。

线污染源是指沿确定的线状路径排放污染物的污染源,如汽车、飞机等。

面污染源是指可造成大范围污染的污染源。例如,就一个城市或大工业区来看,工业生产烟囱和交通运输工具排出的废气,可构成较大范围的大气污染,故可看作是面污染源。

④一次污染源和二次污染源。

一次污染源是指直接向大气排放一次污染物的设施。主要的一次污染物有微粒物质、一氧化碳、氮氧化物、硫氧化物和碳氢化合物等。

二次污染源是可产生二次污染物的发生源。所谓二次污染物，是指不稳定的一次污染物与空气中原有成分发生反应，或者在各种污染物之间相互反应而生成的一系列新的污染物质。常见的二次污染物有臭氧、过氧乙酰硝酸酯（PAN）、醛类、硝酸烷基酯、酮等。被称为"杀人烟雾"的光化学烟雾就是一大类一次污染物和二次污染物混合物的总称。

（2）大气污染的类型。

大气污染主要来自能源（煤、石油）。根据能源类型的不同，大气污染可分为煤炭型、石油型、混合型和特殊型四种类型。

①煤炭型污染。

污染物是由煤炭燃烧时排放的烟气、粉尘、二氧化硫等构成的一次污染物以及由这些污染物发生化学反应而生成的硫酸及其盐类所构成的气溶胶等二次污染物。

②石油型污染。

主要污染物来自于汽车、油田及石油化工厂的排气等。主要的一次污染物是二氧化硫、二氧化氮、一氧化氮以及银基化合物等。这些污染物在阳光照射下发生光化学反应，产生臭氧等污染物质。臭氧是形成光化学烟雾的氧化剂。二氧化氮是阳光中主要的吸光物质，也是形成光化学烟雾的引发剂。

③混合型污染。

混合型污染既包括以煤炭为主要污染源而排出的污染物及其氧化物所形成的气溶胶，又包括以石油为燃料的污染源而排出的污染物体系。

④特殊型污染。

特殊型污染是指有关工业企业排放的特殊气体所造成的污染，如某些工厂排放氯气、金属蒸气、酸雾、氟化氢等气体。

前三种类型的污染往往在大范围内造成空气质量下降，而特殊型污染涉及范围较小，主要发生在工厂附近的局部地区内。

（3）大气中的主要污染物。

大气中的主要污染物有：粉尘、硫氧化物、氮氧化物、碳氧化物、碳氢化合物和光化学烟雾等。

①粉尘。粉尘分落尘和飘尘两种。其中粒径 $> 10\mu m$、能在本身重力作用下很快降落到地面的粉尘叫作落尘；而粒径小于 $10\mu m$、能长时间在空中漂浮的粉尘叫作飘尘。飘尘的危害最大。

粉尘来源于工业用煤排放的粉尘、民用烧煤排放的粉尘和其他一些容易产生粉尘的工厂，如水泥厂、石棉厂、金属冶炼厂和炭黑厂等。

②硫氧化物。主要指 SO_2 和 SO_3。大气中的硫氧化物主要来自燃烧含硫的煤和石油等

燃料产生的,此外,金属冶炼厂、硫酸厂等也排放出相当数量的硫氧化物气体。

当受二氧化硫污染的大气中混入一定量的烟尘,两者协同作用的结果会加剧危害。据报道,当大气中的二氧化硫浓度达到 $0.21mg/m^3$,烟尘浓度达到 $3.3mg/m^3$ 时,可使呼吸道疾病的发病率增高,还会导致慢性病者的病情迅速恶化。受二氧化硫污染的地区很容易发生酸性雨雾,其腐蚀性强。

③氮氧化物。包括 NO、NO_2、N_2O_4、N2O5 等,但是造成大气污染的主要是一氧化氮和二氧化氮。

氮氧化物主要来源于重油、汽油、煤炭、天然气等矿物燃料在高温下的燃烧。此外,生产和使用硝酸的工厂,如氮肥厂、金属冶炼厂等也会排放一定数量的氮氧化物。

高浓度的氮氧化物气体呈棕黄色,排放时像一条黄龙腾空,故老百姓称之为"黄龙"。

④碳氧化物。包括 CO、CO_2。一氧化碳就是人们所共知的"煤气",是一种无色、无臭的有毒气体。它主要来自燃料的不完全燃烧和汽车尾气。二氧化碳是无色、无臭的气体,是植物的"粮食"。它来自人类和动物的呼吸作用以及燃料的燃烧过程。据报道,二氧化碳对人体无直接危害,但对大气环境有影响。

有关资料显示,1875 年大气中二氧化碳的含量为 $285mg/m^3$,从 1958 年到 1977 年其浓度由 $310mg/m^3$ 增大到 $320mg/m^3$,平均每年增大 $0.6\sim0.7mg/m^3$,2000 年达到 $380mg/m^3$。大气中二氧化碳含量增大,虽然并不影响太阳辐射热透过大气,但二氧化碳能吸收来自地球外的红外辐射,引起近地面层温度增高,使地面的蒸发增强,从而使大气中水蒸气增多,这又使低层大气对红外辐射的吸收增强,从而使近地面气温进一步升高。因此,大气中的二氧化碳就好像是防止近地层的热能散射到宇宙中的一个屏障。通常,把大气中的二氧化碳对环境影响所产生的热效应叫作二氧化碳的"温室效应"。

⑤碳氢化合物与光化学烟雾。碳氢化合物又叫作烃,气态的碳氢化合物有甲烷、乙烯、乙烷、丙烷和丁烷等。主要来源于炼油厂、石油化工厂以及汽车、柴油车等。污染大气的碳氢化合物主要是以乙烯为代表的不饱和烯燃类。低浓度的碳氢化合物基本上是无毒或毒性较小,但当其进入大气后遇阳光会发生光化学反应,产生毒性很大、危害性极大的光化学烟雾。

光化学烟雾的主要成分是臭氧,占 90% 左右。它对人体有强烈的刺激和毒害作用:当浓度达到 $0.1mg/m^3$ 时,会刺激眼睛,引起流泪;当浓度达到 $1mg/m^3$ 时,眼睛发痛难睁,并伴有头痛,中枢神经发生障碍;如果浓度达到 $50mg/m^3$ 时,人会立即死亡。因此,光化学烟雾也被称作"杀人烟雾"。

4. 土壤污染

水体、大气和土壤是地球三大环境要素。土壤污染的危害在于导致土壤的组成、结构和功能的变化,进而影响到植物的正常生长,并造成有害物质在植物体内积累,然后通过食物链影响到人类的健康。

土壤污染最大的特点是一旦土壤受到污染,特别是受到重金属或有机农药的污染后,其污染物很难消除。

（1）土壤污染源。

土壤污染源主要有：工业废水和城市生活污水以及固体废弃物；农药和化肥；牲畜排泄物和生物残体；大气沉降物；二氧化硫、氮氧化物以及颗粒物。

（2）土壤污染物。

按照污染物的性质，土壤污染物可划分为：①有机污染物：主要是化学农药，有 50 多种；②重金属：Hg、Cd、Cu.Zn.Cr、Pb、As、Ni、Co、Se 等；③放射性元素：来源于核试验、核利用等排放的废弃物；④病原微生物。

5. 固体废物及化学品污染

固体废物是指人类在生产、流通、消费以及生活等过程中产生的，在一定的时间和地点无法利用而被废弃的固态或泥浆状的物质。

（1）固体废物的来源与分类。

根据来源，固体废物可以划分为：①矿业废物：来源于矿山、选冶；②工业废物：来源于各类工业生产；③城市垃圾：来源于居民生活、商业、机关和市政维护、管理部门；④农业废物：来源于农业、林业、水产；⑤放射性废物：来源于核工业、核电站、放射性医疗和科研单位。

按照对固体废物管理的需要出发，固体废物可划分为：①城市固体废物：包括城市生活垃圾、城建渣土、商业垃圾、办公垃圾等；②工业固体废物：包括各类工业固体废物；③有害废物：包括易燃、易爆、腐蚀性、有毒性、反应性、传染疾病性、放射性等物品，同时又叫作危险废物。

（2）固体废物对环境的危害。

固体废物对环境的危害主要表现在：侵占土地、污染土壤、污染水体、污染大气、影响环境卫生和景观。

6. 噪声污染与其他物理性污染

（1）噪声污染。

凡是不需要的、使人烦厌并且干扰人的正常生活、工作和休息的声音都叫作噪声。

噪声也是声音，具有声音的一切物理特性。在物理学上，可用频率、声强、声压、声强级等几个物理量来定量描述声音。噪声的强度可用声级表示，单位是分贝（dB）。

噪声主要来源于交通运输、工业生产、建筑施工和日常生活。

（2）电磁污染。

电磁辐射对周围生物造成的危害叫作电磁污染。

电磁污染的危害主要有：高强度的电磁辐射以热效应和非热效应方式作用于人体，使人体组织温度升高，导致身体机能障碍和功能紊乱；电磁辐射对电气设备、电子设备、飞机、构筑物等可造成直接破坏；引燃易爆物品。

（3）光污染。

光污染是指光辐射过量而对生活、生产环境以及人体健康产生不良的影响。

光污染的直接危害是导致视力下降,人工白昼污染可使生物节律受到破坏。

(4)热污染。

热污染主要指排放热气、热水对周围环境造成的危害。

第二节　生态破坏

生态破坏是指由于人类不合理地开发、利用自然资源和兴建工程项目而引起的生态环境的退化以及由此而衍生的有关环境效应,从而对人类的生存环境产生不利影响的现象。如水土流失、土地荒漠化、土壤盐碱化、生物多样性减少等。

生态破坏就是生态平衡的破坏,或者说是生态失衡。影响生态平衡的因素有自然的,也有人为的。人为因素包括人类有意识的行动和无意识地造成对生态系统的破坏,例如砍伐森林、疏于沼泽、围湖围海和环境污染等。植被破坏是生态破坏的最典型特征之一。因为植被破坏不仅极大地影响了该地区的自然景观,还由此带来了一系列的严重后果,例如生态系统恶化、环境质量下降、水土流失、土地沙化以及自然灾害加剧,进而可能引起土壤荒漠化,造成巨大的经济损失。例如,我国西部每年因生态环境破坏所造成的直接经济损失达1500亿元,占到当地同期国内生产总值的13%。

1. 植被破坏

植被是全球或某一地区对所有植物群落的泛称。植被是生态系统的基础,为动物和微生物提供了特殊的栖息环境,为人A保类提供食物和多种有用物质材料。植被还是气候和无机环境条下的调节者,无机和有机营养的调节和储存者,空气和水源的净化者。植被在人类环境中起着极其重要的作用。

植被破坏包括森林破坏和草场退化。

(1)森林破坏。

森林破坏造成的危害有:产生气候异常;增加二氧化碳的排放量;引起物种灭绝和生物多样性减少;加剧水土侵蚀;减少水源涵养,加剧洪涝灾害。

造成森林破坏的主要原因有以下五种:

①砍伐林木。在工业化过程中,欧洲、北美等地的温带森林有1/3被砍伐掉了。在1960—1990年期间,全球丧失了4.5亿 hm^2 的热带森林。

②毁林开荒。为了满足人口增长对粮食的需求,在发展中国家开垦了大量的林地,特别是农民非法烧荒耕作,对森林造成了严重破坏。

③采集薪材。全世界约有一半人口用薪柴作为炊事的主要燃料,每年有1亿多亩的林木从热带森林中运出用作燃料。

④大规模放牧。为了满足美国等国对牛肉的需求,中南美地区,特别是南美亚马逊地区,砍伐和烧毁了大量森林,使之变为大规模的牧场。

⑤空气污染。在欧美等国,空气污染对森林退化也产生了显著影响。

（2）草场退化。

草场退化即草场植被的衰退。主要表现为优良牧草种类减少,各类牧草质量变劣,以及单位面积产草量下降等。

造成草场退化的原因:其一,自然因素,如水、热、土条件变劣,草场病虫害严重等。其二,人为因素,如毁草开荒,樵采滥伐,超载放牧等。

草场退化是草场系统中能量流动和物质循环的输出和输入之间失去平衡的结果。因草场类型不同,引起退化的原因各异,草场植被演变的趋向也有很大差别。如干旱草原由于气候干燥,放牧过度,易造成牧草生长不良,覆盖率降低,甚至引起沙化;草甸、草原因水分过多,易产生沼泽化等。草场退化可使载畜量降低,影响和限制畜牧业的发展。如美国在20世纪30年代大肆开垦西部草原,导致出现大范围的"黑风暴",成为严重的历史教训。中国草原因开发利用不当,导致退化草场已占总数的1/3。其中内蒙古鄂尔多斯高原的退化草场竟占一半。故采取有效措施,防止草场退化,是保护草场资源,发展畜牧业的重要措施。

2. 水土流失

水土流失是指地表植被与表层土壤被水流或者降雨冲蚀破坏的一种现象。中国是世界上水土流失最严重的国家之一。目前,全国水土流失面积达到1790000km²,50亿t。其中以黄土高原地区最为严重。水土流失的危害有:造成土地严重退化、导致流域大洪灾,破坏生态系统。

造成水土流失的主要人为原因包括:破坏森林、陡坡开荒、不合理的耕作方式、过度放牧、清耕、清园、除草积肥、全垦整地和炼山整地造林、工矿、交通及基本建设工程。

水土流失的危害有:其一,由于水土流失造成土壤肥力下降,可使大量肥沃的表层土壤丧失;其二,水库淤积,河床抬高,通航能力降低,洪水泛滥成灾;其三,威胁工矿交通设施安全,特别是在高山深谷,水土流失常引起泥石流灾害,危及工矿交通设施安全;其四,水土流失恶化生态环境占

第三节　荒漠化

荒漠化是指包括气候变异和人类活动在内的种种因素所造成的干旱、半干旱和亚湿润干旱地区的土地退化。荒漠化既包括非沙漠环境向沙漠环境和类似沙漠环境的转移,也包括沙质环境的进一步恶化。

土地荒漠化是自然因素和人为因素综合作用的结果。自然因素主要是指异常的气候条件,特别是严重的干旱条件,由此造成植被退化,风蚀加快,引起荒漠化。人为因素主要指过度放牧、乱砍滥伐、开垦草地并进行连续耕作等,由此造成植被破坏,地表裸露,加快风蚀或雨蚀。就全世界而言,过度放牧和不适当的旱作农业是干旱和半干旱地区发生荒漠化的主

要原因。

荒漠化的危害表现为：其一，土地生产潜力衰退；其二，土地生产力下降和随之而来的农牧业减产，以及相应带来巨大的经济损失和一系列社会恶果；其三，草场质量下降；其四，大面积沙漠化土地，直接加速了沙尘暴的形成和孕育。

（一）生态环境保护的基本原理

1. 保护生态系统结构的完整性

生态系统的功能是以系统完整的结构和良好的运行为基础的，因此生态环境保护必须从功能保护着眼，从系统结构保护入手。生态系统结构的完整性包括：地域连续性、物种多样性、生物组成的协调性、环境条件匹配性。

2. 保护生态系统的再生产能力

生态系统都有一定的再生和恢复功能。一般来说，生态系统的层次越多，结构就越复杂，系统越趋于稳定，受到外力干扰后，恢复其功能的自我调节能力也越强。相反，越是简单的系统越是显得脆弱，受到外力作用之后，其恢复能力也越弱。

保护生态系统的再生能力一般应遵循以下基本原理：

（1）保护一定的生境范围或者寻求条件类似的替代生境，使生态系统得以恢复或者易地重建。

（2）保护生态系统恢复或者重建所必需的环境条件。

（3）保护尽可能多的物种和生境类型，使重建或者恢复后的生态系统趋于稳定。

（4）保护优势种群。

（5）保护居于食物链顶端的生物及其生境。

（6）对于退化中的生态系统，应当保证主要生态条件的改善。

3. 以生物多样性保护为核心

生物多样性对于人类的生存与发展有着不可替代的意义，为保护生物多样性应当遵循的原则有：①避免物种濒危和灭绝；②保护生态系统完整性；③防止生境损失和干扰；④保持生态系统的自然性；⑤持续利用生态资源；⑥恢复被破坏的生态系统和生境。

（二）我国生态环境保护的指导思想和基本原则

生态环境保护是功在当代、惠及子孙的伟大事业和宏伟工程。坚持不懈地搞好生态环境保护是保证经济社会健康发展，也是实现中华民族伟大复兴的需要。

1. 生态环境保护的指导思想

以实施可持续发展战略和促进经济增长方式转变为中心，以改善生态环境质量和维护国家生态环境安全为目标，紧紧围绕重点地区、重点生态环境问题，统一规划，分类指导，分区推进，加强法治，严格监管，坚决打击人为破坏生态环境行为，动员和组织全社会力量，保护和改善自然恢复能力，巩固生态建设成果，努力遏制生态环境恶化的趋势，为实现祖国秀美山川的宏伟目标打下坚实的基础。

2.我国生态环境保护的基本原则

坚持生态环境保护与生态环境建设并举。在加大生态环境建设力度的同时,坚持保护优先、预防为主、防治结合,彻底扭转一些地区边建设边破坏的被动局面。

坚持污染防治与生态环境保护并重。应充分考虑区域和流域环境污染与生态环境破坏的相互影响和作用,坚持污染防治与生态环境保护统一规划,同步实施,把城乡污染防治与生态环境保护有机地结合起来,努力实现城乡环境保护一体化。

坚持统筹兼顾、综合决策,合理开发。正确处理资源开发与环境保护的关系,坚持在保护中开发,在开发中保护。经济发展必须遵循自然规律,近期与长远统一、局部与全局兼顾。进行资源开发活动必须充分考虑生态环境的承载能力,绝不允许以牺牲生态环境为代价,换取眼前的和局部的经济利益。

坚持谁开发谁保护,谁破坏谁恢复,谁使用谁付费的制度。要明确生态环境保护的权、责、利,充分运用法律、经济、行政和技术等手段保护生态环境。

(三)我国生态环境保护的主要内容与要求

我国生态环境保护的主要内容及其要求如下:

(1)重要生态功能区的生态环境保护。

①建立生态功能保护区。江河源头区、重要水源涵养区、水土保持的重点预防保护区和重点监督区、江河洪水调蓄区、防风固沙区和重要渔业水域等重要生态功能区,在保持流域、区域生态平衡,减轻自然灾害,以及确保国家和地区生态环境安全等方面具有重要作用。对这些区域的现有植被和自然生态系统应严加保护,通过建立生态功能保护区,实施保护措施,防止生态环境的破坏和生态功能的退化。在跨省域和重点流域、重点区域的重要生态功能区,建立国家级生态功能保护区;在跨地(市)和县(市)的重要生态功能区,建立省级和地(市)级生态功能保护区。

②对生态功能保护区应采取以下保护措施:停止一切导致生态功能继续退化的开发活动和其他人为破坏活动;停止一切产生严重环境污染的工程项目建设;严格控制人口增长,区内人口已超出承载能力的应采取必要的移民措施;改变粗放生产经营方式,走生态经济型发展道路;对已经破坏的重要生态系统,要结合生态环境建设措施,认真组织重建与恢复,尽快遏制生态环境的恶化趋势。

③各类生态功能保护区的建立,由各级环保部门会同有关部门组成评审委员会评审,报同级政府批准。生态功能保护区的管理以地方政府为主,国家级生态功能保护区可由省级政府委派的机构管理,其中跨省域的由国家统一规划批建后,分省按属地管理;各级政府对生态功能保护区的建设应给予积极扶持;农业、林业、水利、环保、国土资源等有关部门要按照各自的职责加强对生态功能保护区管理、保护与建设的监督。

(2)重点资源开发的生态环境保护。

①切实加强对水、土地、森林、草原、海洋、矿产等重要自然资源的环境管理,加强资源开

发利用中的生态环境保护工作。各类自然资源的开发，必须遵守相关的法律法规，依法履行生态环境影响评价手续；资源开发重点建设项目，需要编报水土保持方案，否则一律不得开工建设。

②水资源开发利用的生态环境保护。水资源的开发利用要全流域统筹兼顾，生产、生活和生态用水综合平衡，坚持开源与节流并重，节流优先，治污为本，科学开源，综合利用。建立缺水地区高耗水项目管制制度，逐步调整用水紧缺地区的高耗水产业，停止新上高耗水项目，确保流域生态用水。在发生江河断流、湖泊萎缩、地下水超采的流域和地区，应停止新的加重水平衡失调的蓄水、引水和灌溉工程；合理控制地下水开采，做到采补平衡；在地下水严重超采地区，划定地下水禁采区，抓紧清理不合理的抽水设施，防止出现大面积的地下漏斗和地表塌陷。继续加大二氧化硫和酸雨控制力度，合理开发利用和保护水资源；对于擅自围垦的湖泊和填占的河道，要限期退耕还湖还水。通过科学的监测评价和功能区划，规范排污许可证制度和排污口管理制度。严禁向水体倾倒垃圾和建筑、工业废料，进一步加大水污染特别是重点江河湖泊水污染治理力度，加快城市污水处理设施、垃圾集中处理设施建设。加大农业面源污染控制力度，鼓励畜禽粪便资源化，确保养殖废水达标排放，严格控制氮、磷严重超标地区的氮肥、磷肥施用量。

③土地资源开发利用的生态环境保护。依据土地利用总体规划，实施土地用途管制的制度，明确土地承包者的生态环境保护责任，加强生态用地保护，冻结征用具有重要生态功能的草地、林地、湿地。建设项目确需占用生态用地的，应严格依法报批和补偿，并实行"占一补一"的制度，确保恢复面积不少于占用面积。加强对交通、能源、水利等重大基础设施建设的生态环境保护监管，建设线路和施工场址要科学比选，尽量减少占用林地、草地和耕地，防止水土流失和土地沙化。加强非牧场草地开发利用的生态监管。大江大河上中游的陡坡耕地要按照有关规划，有计划、分步骤地实行退耕还林还草，并加强对退耕地的管理，防止复耕。

④森林、草原资源开发利用的生态环境保护。对具有重要生态功能的林区、草原，应划为禁垦区、禁伐区或禁牧区，严格管护；对于已经开发利用的，要退耕退牧、育林育草，使其休养生息。启动天然林保护工程，最大限度地保护和发挥好森林的生态效益；要切实保护好各类水源涵养林、水土保持林、防风固沙林、特种用途林等生态公益林；对毁林、毁草开垦的耕地和造成的废弃地，要按照"谁批准谁负责，谁破坏谁恢复"的原则，限期退耕还林还草。加强森林、草原防火和病虫鼠害防治工作，努力减少林草资源灾害性损失；加大火烧迹地、采伐迹地的封山育林育草力度；加速林区、草原生态环境的恢复和生态功能的提高。大力发展风能、太阳能、生物质能等可再生能源技术，从而减少樵采对林草植被的破坏。

⑤生物物种资源开发利用的生态环境保护。生物物种资源的开发应在保护物种多样性和确保生物安全的前提下去进行。依法禁止一切形式的捕杀、采集濒危野生动植物的活动。严厉打击濒危野生动植物的非法贸易。严格限制捕杀、采集和销售益虫、益鸟、益兽。鼓励野生动植物的驯养、繁育。加强野生生物资源开发管理，逐步划定准采区，规范采挖方式，严

禁乱采滥挖。严格禁止采集和销售发菜,取缔一切发菜贸易。坚决制止在干旱、半干旱草原滥挖具有重要固沙作用的各类野生药用植物。切实搞好重要鱼类的产卵场、索饵场、越冬场、洄游通道和重要水生生物及其生境的保护。加强生物安全管理,建立转基因生物活体及其产品的进出口管理制度和风险评估制度。对引进外来物种必须进行风险评估,加强进口检疫工作,防止国外有害物种进入到国内。

⑥海洋和渔业资源开发利用的生态环境保护。海洋和渔业资源开发利用必须按功能区划进行,做到统一规划,合理开发利用。切实加强海岸带的管理,严格围垦造地建港、海岸工程和旅游设施建设的审批,严格保护红树林、珊瑚礁、沿海防护林。加强重点渔场、江河出海口、海湾及其他渔业水域等重要水生资源繁育区的保护,严格渔业资源开发的生态环境保护监管。加大海洋污染防治的力度,逐步建立污染物排海总量控制制度;加强对海上油气勘探开发、海洋倾废、船舶排污和港口的环境管理,逐步建立海上重大污染事故应急体系。

⑦矿产资源开发利用的生态环境保护。严禁在生态功能保护区、自然保护区、风景名胜区、森林公园内采矿。严禁在崩塌滑坡危险区、泥石流易发区和易导致自然景观破坏的区域采石、采砂、取土。矿产资源的开发利用必须严格规划管理,开发应选取有利于生态环境保护的工期、区域和方式,把开发活动对生态环境的破坏减少到最低限度。矿产资源开发必须防止次生地质灾害的发生。在沿江、沿河、沿湖、沿库、沿海地区开采矿产资源,必须落实生态环境保护措施,尽量避免和减少对生态环境的破坏。已造成破坏的,开发者必须限期恢复。已停止采矿或关闭的矿山、坑口,必须及时做好土地复垦。

⑧旅游资源开发利用的生态环境保护。旅游资源的开发必须明确环境保护的目标与要求,确保旅游设施建设与自然景观相协调。科学确定旅游区的游客容量,合理规划旅游线路,使旅游基础设施建设与生态环境的承载能力相适应。加强自然景观、景点的保护,限制对重要自然遗迹的旅游开发,从严控制重点风景名胜区的旅游开发,严格管制索道等旅游设施的建设规模与数量,对不符合规划要求建设的设施,要限期拆除。旅游区的污水、烟尘和生活垃圾处理,必须实现达标排放和科学处置。

(3)生态良好地区的生态环境保护。

①生态良好地区特别是物种丰富区是生态环境保护的重点区域,要采取积极的保护措施,保证这些区域的生态系统和生态功能不被破坏。在物种丰富、具有自然生态系统代表性、典型性、未受破坏的地区,应抓紧抢建一批新的自然保护区。要把横断山区、新青藏接壤高原山地、湘黔川鄂边境山地、浙闽赣交界山地、秦巴山地、滇南西双版纳、海南岛和东北大小兴安岭、三江平原等地区列为重点,分期规划建设为各级自然保护区。对西部地区有重要保护价值的物种和生态系统分布区,特别是重要荒漠生态系统和典型荒漠野生动植物分布区,应抢建一批不同类型的自然保护区。

②重视城市生态环境保护。在城镇化进程中,要切实保护好各类重要生态用地。大中城市要确保一定比例的公共绿地和生态用地,深入开展园林城市的创建活动,加强城市公园、绿化带、片林、草坪的建设与保护,大力推广庭院、墙面、屋顶、桥体的绿化和美化。严禁

在城区和城镇郊区随意开山填海、开发湿地，禁止随意填占溪、河、渠、塘。继续开展城镇环境综合整治，进一步加快能源结构调整和工业污染源治理，切实加强城镇建设项目和建筑工地的环境管理，积极推进环保模范城市和环境优美城镇的创建工作。

③加大生态示范区和生态农业县建设力度。鼓励和支持生态良好地区，在实施可持续发展战略中发挥示范作用。进一步加快县（市）生态示范区和生态农业县建设步伐。在有条件的地区，应努力地推动地级和省级生态示范区的建设。

（四）生态环境保护的对策与措施

（1）加强领导和协调，建立生态环境保护综合决策机制。

包括：①建立和完善生态环境保护责任制；②积极协调和配合，建立行之有效的生态环境保护监管体系；③保障生态环境保护的科技支持能力；④建立经济社会发展与生态环境保护综合决策机制。

（2）加强法治建设，提高全民的生态环境保护意识。

加强立法和执法，把生态环境保护纳入法治轨道之内。严格执行环境保护和资源管理的法律、法规，严厉打击破坏生态环境的犯罪行为。抓紧有关生态环境保护与建设法律法规的制定和修改工作，制定生态功能保护区生态环境保护管理条例，健全、完善地方生态环境保护法规和监管制度。

认真履行国际公约，广泛开展国际交流与合作。认真履行《生物多样性公约》《国际湿地公约》《联合国防治荒漠化公约》《濒危野生动植物国际贸易公约》和《保护世界文化和自然遗产公约》等国际公约，维护国家生态环境保护的权益，承担与我国发展水平相适应的国际义务，从而为全球生态环境保护作出贡献。广泛开展国际交流与合作，积极引进国外的资金、技术和管理经验，推动我国生态环境保护的全面发展。

加强生态环境保护的宣传教育，不断提高全民的生态环境保护意识。深入开展环境国情、国策教育，分级开展生态环境保护培训，提高生态环境保护与经济社会发展的综合决策能力。重视生态环境保护的基础教育、专业教育，积极搞好社会公众教育。在城市动物园、植物园等各类公园，要增加宣传设施，组织特色宣传教育活动，向公众普及生态环境保护知识。进一步加强新闻舆论监督，表扬先进典型，揭露违法行为，完善信访、举报和听证制度，充分调动广大人民群众和民间团体参与生态环境保护的积极性，为实现祖国秀美山川的宏伟目标而努力奋斗。

第四章 生态环境破坏与恢复

第一节 人为干扰与生态破坏

人为干扰是人类改造自然界的一种生产活动。干扰的强度与生产力发展水平紧密相关，高水平的生产力对自然界的干扰强度大，反之则小。人为对自然界的干扰作用有正干扰和负干扰两种类型，尊重自然界的客观规律，遵循生产与生态学相结合的观点，谋求与生态系统的最大和谐与协调，在这种科学思想指导下去从事生产活动是正干扰，这样的生产活动有利于生态系统向稳定、复杂和高级的方向发展；如果违背自然界的客观规律，随心所欲地对待自然界，则是一种负干扰活动。

生态破坏通常是指生态环境的破坏和生态平衡的失调，其破坏程度取决于人为的负干扰程度，负干扰愈强烈，生态破坏就愈严重，生态恢复的难度和时间也就相应地增加和延长。

一、古文明与环境

历史上曾显赫一时的古巴比伦文明就是在沃野千里、林海茫茫的美加索布达米平原的两河流域（幼发拉底河和底格里斯河）上兴起的。由于森林大量砍伐，草地被过度放牧，生态环境日益恶化，原来大片的森林草原便成为一片沙漠，两河流域附近的耕地又因灌溉不当而发生了盐碱化，至公元前4纪末，古巴伦文明也因此而衰落。

古埃及文明孕育发展于尼罗河流域，那时埃及气候湿润，草木生长茂盛，覆盖着大量热带林，后来，大量的森林被滥伐，气候条件也日益恶化，尼罗河文明也日趋衰落。今天的埃及仍是世界上森林最少的国家之一，全国96%以上的土地为沙漠所覆盖。因此，有些历史学家感叹："由于森林的消失，埃及600年的文明，却换来了近3000年的荒凉。"

作为印度文明"基石"的塔尔平原位于南亚大陆的印度河流域。由于人口的增长，以及大量的森林被砍，草地被开垦，土地裸露，气候条件日趋干旱化，最终酿成大沙漠。昔日富饶的塔尔平原如今已成干旱大沙漠。

古黄河文明在世界文明史上占有重要的地位，曾经是中国农业和文明的摇篮。但是，随着上游丘陵山原地区森林和草原的严重破坏，导致了生态的恶性循环和农林牧业的衰退，昔日清澈的"大河"成了今日的"黄河二泥沙含量约计40kg/m³ 每年带走的泥沙达22亿t左右，下游的河床由于泥沙冲击每年抬升数厘米，黄河孕育的文明也日益衰落。

二、不合理的开发与环境

对土地的不合理开发利用造成了土壤侵蚀,土壤侵蚀是土壤退化的根本原因,也是导致生态环境恶化的严重问题,古今中外的历史事实也证明了这一点。

（一）水土流失

水土流失是土地资源的不合理利用特别是毁林造田、过度放牧所带来的不良后果。据统计,全世界水土流失面积达 25 亿 hm^2,占全球耕地和林草地总面积 86.5 亿 hm^2 的 29%。全球耕地面积约 14.57 亿 hm^2,表土层平均厚 18cm,由于水和风的侵蚀,在过去 100 年内,地球上有 2 亿 hm^2 土地遭受损失,每年有 270 亿 t 土壤随水流失。如果以土壤层平均厚 1m 计算,经过 809 年全球耕地土壤将被侵蚀殆尽。

我国水土流失极为严重。1949 年以来,全国水土流失面积从 1.16 亿 hm^2 扩大到 1.48 亿 hm^2。每年损失表土约 50 亿 t,流失的氮、磷、钾估计为 4000 万 t 左右,与一年化肥用量相当,折合经济损失达 24 亿元。水土流失的原因正如清代赵人基所著"论江水"一书指出:"水溢由于沙积,沙积由于山垦",可见毁林开荒就是水土流失、土壤退化的根本原因。

（二）地力衰退

在土地资源利用中,地力衰退主要表现在养分的亏损上,其根本原因之一是森林破坏。据统计全世界土地养分亏损面积为 29.9 亿 hm^2 占陆地总面积的 23%。

地力衰退的原因之一是水土流失。根据苏联科学院地理研究所的调查,苏联每年因水土流失而损失的氮为 122.9 万 t、磷 539 万 t、钾 1213.5 万 t。美国密西西比河每年因水土流失带走磷 6.1 万多 t、钾 162.6 万多 t、钙 2244.6 万多 t、镁 517.9 万多 t,所以有人说"美国现在每出口 1t 小麦,就从密西西比河'出口'10t 表土。"据统计中国每年因水土流失的氮、磷、钾估计为 4000 万 t 左右,与一年的化肥用量相当。其中长江流域的土壤流失量 22.4 亿 t,损失氮、磷、钾约 2500 万 t。

地力衰退的另一个原因是农业发展迅速,需要从土壤中吸收大量的养分。统计资料表明,印度 1980~1981 年生产粮食 1.3 亿 t,除去从化肥和有机肥中取走 2/3 的养分外,尚有 1/3 即 1750 万 t 养分需从土壤中获取,造成土壤养分亏损日趋严重。

（三）沙漠化扩大

目前世界上受沙漠化威胁的面积已达 4500 万 km^2,每年因沙漠化损失的耕地面积达 5 万~7 万 km^2,损失达 100 亿美元。沙漠化扩大速度为每年 600 万 hm^2 左右。撒哈拉沙漠的南缘在最近 50 年中已有 65 万 km^2 的土地不再适于农牧业,变成了荒漠。我国的沙漠化现象也比较严重,内蒙古沙漠化的发展直接威胁着首都北京的环境。世界性沙漠化的扩大是森林和草场被破坏和退化所致。

（四）土壤盐碱化面积扩大

土壤盐碱化的原因主要是土地利用方式不当和灌溉排水不合理。迄今为止，中国因生盐渍化而弃耕的面积就达 4 万 hm^2 左右，约有 1/5 的耕地在不同程度上存在盐碱化和次生碱化特征。

三、城市化与环境

城市化是人类发展、变革的重要过程，是一个国家经济、文化发展的结果。城市化引起的城市环境问题主要是大气、水体、垃圾和噪声污染严重，绿地缺乏，城市热辐射和光辐射，能源和资源不足，生物种类极为贫乏以及生态环境质量下降等。

第二节　生态破坏的特征与危害

生态破坏是指由于人为的干扰所造成的生态环境破坏。破坏的特征与危害主要表现在生态环境极端化，出现生态灾害，生态系统发生逆行演替，生产力下降，生物多样性指数低，生态系统脆弱，生态平衡失调等。

一、水土流失的危害

水土流失的后果往往是灾难性的。德国水土保持专家认为，水土流失引起的土壤退化与泥沙淤积对人类来说，是一场难以想象的生态灾难。

（一）土壤退化

水土流失的直接后果之一是土壤的承载能力下降，主要表现在三个方面：土壤退化，肥力衰退；土层变薄；土壤石质化。特别是石质化土壤彻底失去承载能力，将会在相当长一段时间内成为不毛之地。

据考证，西周时期，黄土高原约有 0.32 亿 hm^2 森林，覆盖率 53%。从秦朝起，多次耕垦和多次大破坏，到 20 世纪 40 年代，森林不足 0.02 亿 hm^2，覆盖率降到 3%，以致到处童山秃岭，千沟万壑，赤地千里。由于黄土高原森林植被的破坏，水土流失严重，黄河也就成了名副其实的黄河了。

根据长江中上游防护林体系学术研讨会的资料，长江流域因每年水土流失而损失的氮、磷、钾等无机养分为 2500 万 t，相当于 50 个年产 50 万 t 位的化肥厂总产量，此外还有大量有机养分损失。同时土层变薄和出现沙砾化，如贵州省土层厚度 15cm 以下的耕地占总耕地面积的 49.3%，松沙型耕地占耕地面积的 20.2%，石砾含量达 3% 以上的耕地占总耕地面积的 12.5%。由于土壤肥力衰竭和石质化，导致耕地大量减少，如陕西省汉中地区 50 年代初至 80 年代的 30 年间，因水土流失而被迫弃耕的农地就达 22.2 万 hm^2。

（二）湖库淤积

水土流失另一个极为可怕的后果则是泥沙淤积。雨季来临，没有森林，山体受到冲刷，水流夹着泥沙，一泻无阻，涌入江河、湖库。江水一旦减速，挟沙力将会下降，泥沙便沉积下来，造成湖库淤积，面积和库容减少，河床抬升甚至堵塞，出现悬河，造成很大的安全隐患。

根据湖南省气象科学研究所研究资料，曾是我国第一大湖泊的洞庭湖，1949 年后由于长江中上游森林植被遭到破坏，江水含沙量迅速增加；湖泊面积也迅速缩小。1825 年，洞庭湖拥有 6000km²，1825—1949 年的 125 年中，湖面缩小 1650km²，仅存 4350km²；而在 1949—1983 年的 35 年中，湖面又缩小 1659km²，仅存 2691km²，湖面萎缩速率提高了 2.5 倍；1983—1995 年的 12 年中，湖面缩小 66km²，已不足 2625km²，洞庭湖也因此由全国第一大淡水湖泊降为第二大淡水湖泊。

（三）水旱灾害

据有关资料，淮河流域因植被破坏严重，土壤表层性质恶化，有雨是洪，无雨是旱，以致洪水发生频率和干旱发生频率提高。根据湖南省各等级水旱灾害发生频率及其累积值资料，20 世纪 50—60 年代水灾变动趋势较平稳，20 世纪 70 年代最低，20 世纪 80—90 年代各等级水灾数呈上升趋势，其中以大水灾上升幅度最大，1991、1994、1995、1998、1999 年大或特大水灾就无不清楚地证明了这一演进趋势；旱灾 20 世纪 50 年代变动趋势平缓，20 世纪 60 年代略呈上升趋势，20 世纪 70 年代降至最低点，20 世纪 80 年代急剧上升，20 世纪 90 年代略呈上升趋势。大或特大水旱灾害的频繁发生，与流域森林植被的破坏和水土流失极为相关。

（四）湖泊富营养化

由于含氮、含磷的水土流失，以及生活和畜牧业污水排放量大，致使长江中下游许多湖泊和水库富营养化加剧，湖泊、水库等水体中藻类尤其是蓝藻水华（湖靛）日趋普遍。

二、生物多样性锐减

由于森林的破坏，草场垦耕和过度放牧等，不仅导致土地沙漠化、盐渍化和贫瘠化等，而且还导致生态系统简单化和退化，破坏了物种生存、进化和发展的生境，使物种和遗传资源失去了保障。据国际自然与自然资源保护联盟（IUCN）等组织对鸟类的调查，在 3500~100 万年前，平均每 300 年有一种鸟灭绝；从 100 万年前到近代，平均每 50 年有一种灭绝；可是最近 300 年，平均每 2 年灭绝一种；而进入 20 世纪后，每年就灭绝一种。如果现存的物种得不到保护，物种濒危或灭绝的趋势将会进一步加剧。

生物多样性锐减的后果是灾难性的。生物多样性的破坏，特别是生物的食物链和食物网的断裂和简化，将导致生物圈内食物链的破碎，从而引起人类生存基础的坍塌，这是非常危险的。

三、土地沙漠化的危害

土壤沙化和土壤退化是人类面临的最严重问题之一,全球有 10 亿人受到荒漠化的直接威胁,其中有 1.35 亿人在短期内有失去土地的危险。荒漠化灾害影响涉及全球约 1/3 的陆地面积。在全球出现荒漠化土地的六大洲中,非洲排名首位,世界上荒漠化土地的半数以上在非洲。地球上最大的沙漠——撒哈拉沙漠的流沙每年向南扩展近 150 万 hm^2,向北吞没农田 10 万 hm^2。欧洲 66% 的旱地也不同程度地受到荒漠化的危害。全球陆地面积约有 1/4 受到不同程度荒漠化的危害,相当于俄罗斯、加拿大、中国、美国国土面积的总和,且每年仍以 5 万~7 万 km^2 的速度扩展。由此造成的直接经济损失每年约 423 亿美元。随着荒漠化的加速蔓延,人类可耕种的土地也日益减少,已严重影响世界粮食生产。这也是近年来世界饥民由 4.6 亿增至 5.5 亿的重要原因之一。联合国环境规划署发出警告:"照此下去,地球将被卷入一场浩劫性的社会和经济灾难之中。"

荒漠化使人失掉了赖以生存的沃土和家园,资源的枯竭将会引发社会和政治的动荡不安。在非洲撒哈拉干旱荒漠区的 21 个国家中,80 年代干旱高峰区有 3500 万人口受到影响,一千多万人背井离乡成为"环境难民"。目前,全世界"环境难民"的人数已达三千多万人。中国西部部分地区居民因风沙原因被迫后移,也成为"环境难民"。

荒漠化造成的贫困和社会动荡,不再仅仅是一个生态问题,已经成为严重的经济和社会问题。

四、湿地景观消失

湿地在调节气候、涵养水源、蓄洪防旱、控制土壤侵蚀、促淤造陆、净化环境、维持生物多样性和生态平衡等方面均具有十分重要的作用。我国是世界上湿地类型多、面积大、分布广的国家之一,天然湿地面积约 2500 万 hm^2,仅次于加拿大和俄罗斯,居于世界第 3 位。从寒温带到热带,从沿海到内陆,从平原到高原山区均有湿地分布,包括沼泽、泥炭地、湿草甸、浅水湖泊、高原咸水湖泊、盐沼和海岸滩涂等多种。由于人类的破坏行为,我国的湿地正面临着区域生态环境破坏、自然湿地景观消失、气候条件变化等生态灾难。由于围垦和水中泥沙含量较大这两个主要原因,使湖泊面积和容积日趋缩小,自然湿地的面积因此减少,调蓄洪水的能力下降。

第三节　生态破坏的恢复对策

生态系统具有很强的自我恢复能力和逆向演替机制,即使在植被完全破坏的情况下,生态系统都有可能恢复。例如从古老废弃的耕地恢复到林地,从火山灰上发展起来的灌木林和草地等都说明生态系统的自我恢复能力。无论来自自然因素，还是来自人为因素的干扰和破坏都会发生系统的自然恢复。这些恢复过程在自然状态下可能进展缓慢，例如在温带地区，森林生态系统大约需 100 年才能恢复到原貌；但是，如果在采用人工设计并辅以工程措施的条件下，一些生态系统破坏型可在不到 5 年的时间内恢复到耕地或草地的水平，用 20~30 年时间恢复到林地水平（Bradsaw，1980）；如果有足够的物质投入（增施化学肥料和有机肥）和优越的自然条件（例如充足的降水量），生态恢复的时间可以更短一些（舒俭民等，1996）。

一、恢复生态学的理论基础

（一）概述

生态恢复是相对于生态破坏而言的。生态破坏可以理解为生态系统的结构发生变化，功能退化或丧失、关系紊乱。生态恢复就是恢复系统的合理结构、高效的功能和协调的关系（Bradshan，1983）。生态恢复实质上就是被破坏的生态系统的有序演替过程，这个过程使生态系统可恢复到原先的状态。但是，由于自然条件的复杂性以及人类社会对自然资源利用的影响，生态恢复并不意味着在所有场合下都能够或必须使恢复的生态系统都恢复到原先的状态，生态恢复本质的目的就是恢复系统的必要功能并达到系统自维持状态。

群落的自然演替机制奠定了恢复生态学的理论基础。在自然条件下，如果群落一旦遭到干扰和破坏，它还是能够恢复的，尽管恢复的时间有长有短。首先是被称为先锋植物的种类侵入遭到破坏的地方并定居和繁殖。先锋植物改善了破坏地的生态环境，使得更适宜其他物种的生存并且被取代，如此渐进直到群落恢复它原来的外貌和物种成分为止。在遭到破坏的群落地点所发生的这一系列变化就是人们通常所指的生态系统的进展演替。

演替可以在地球上几乎所有类型的生态系统中发生，有原生和次生演替之分。生态恢复是指生态系统中的次生演替。如在火烧迹地或皆伐迹地，云杉林上发生的次生演替序列为：迹地—杂草—桦树—山杨—云杉林阶段，时间可达几十年之久。弃耕地上发生的次生演替序列为：弃耕地 f 杂草 f 优势草 f 灌木 f 乔木。从上述次生演替序列来看，次生演替序列可通过人为手段加以控制，加快演替速度。

（二）恢复生态学及其研究内容

恢复生态学是研究生态系统退化的原因、退化生态系统恢复与重建的技术与方法、生态学过程与机制的科学（余作岳等，1996），它是现代生态学的年轻分支学科之一。恢复生态学最早是由西欧学者提出的。它的出现有着强烈的应用，生态学背景，因为其研究对象是那些在自然灾害和人类活动压力下受到破坏的生态系统。因此，恢复生态学在一定意义上是一门生态工程学或生物技术学（陈昌笃等，1993）。

恢复生态学与生态学分支（如遗传生态学、种群生态学、群落生态学、生态系统生态学、景观生态学、保护生态学等）（余作岳等，1996）：生物学、土壤学、水文学、农学、林学、工程与技术学、环境学、地学、经济学、社会伦理学等学科紧密相连。恢复生态学是一门以基础理论和技术为软硬件支撑的多学科交叉、多层面兼顾的综合应用学科。

恢复生态学应加强基础理论和应用技术两大领域的研究工作。基础理论研究包括：①生态系统结构（包括生物空间组成结构、不同地理单元与要素的空间组成结构及营养结构等）、功能（包括生物功能；地理单元与要素的组成结构对生态系统的影响与作用；能流、物流与信息流的循环过程与平衡机制等）以及生态系统内在的生态学过程与相互作用机制（赵桂久等，1995）；②生态系统的稳定性、多样性、抗逆性、生产力、恢复力与可持续性研究；③先锋与顶级生态系统发生、发展机制与演替规律研究（赵桂久等，1995）；④不同干扰条件下生态系统的受损过程及其响应机制研究；⑤生态系统退化的景观诊断及其评价指标体系研究；⑥生态系统退化过程的动态监测、模拟、预警及预测研究；⑦生态系统健康研究。应用技术研究包括：①退化生态系统的恢复与重建的关键技术体系研究；②生态系统结构与功能的优化配置与重构及其调控技术研究；③物种与生物多样性的恢复与维持技术；④生态工程设计与实施技术；⑤环境规划与景观生态规划技术；⑥典型退化生态系统恢复的优化模式试验示范与推广研究。

二、退化生态系统恢复与重建目标、原则与操作程序

（一）退化生态系统恢复的基本目标

为满足不同的社会、经济、文化与生活需要，人们往往会对不同的退化生态系统制定不同水平的恢复目标。但是无论对什么类型的退化生态系统，都应该存在一些基本的恢复目标或要求，主要包括：①实现生态系统的地表基底稳定性。因为地表基底（地质地貌）是生态系统发育与存在的载体，基底不稳定（如滑坡），就不可保证生态系统的持续演替与发展。②恢复植被和土壤，保证一定的植被覆盖率和土壤肥力。③增加种类组成和生物多样性。④实现生物群落的恢复，提高生态系统的生产力和自我维持能力。⑤减少或控制环境污染。⑥增加视觉和美学享受（纪万斌等，1996）。

（二）退化生态系统恢复与重建的基本原则

退化生态系统的恢复与重建要求在遵循自然规律的基础上，通过人类的作用，根据技术上适当、经济上可行、社会能够接受的原则，使受害或退化生态系统重新获得健康并有益于人类生存与生活的生态系统重构或再生过程。生态恢复与重建的原则一般包括自然法则（地理学原则，生态学原则，系统原则）、社会经济技术原则（经济可行性与可承受性原则，技术可操作性原则，社会可接受性原则，无害化原则，最小风险原则，生物、生态与工程技术相结合原则，效益原则，可持续发展原则等）、美学原则（最大绿色原则，健康原则）3个方面。自然法则是生态恢复与重建的基本原则，也就是说，只有遵循自然规律的恢复重建才是真正意义上的恢复与重建，否则只能是背道而驰，事倍功半。社会经济技术条件是生态恢复重建的后盾和支柱，在一定尺度上制约着恢复重建的可能性、水平与深度。美学原则是指退化生态系

统的恢复重建应给予人以美的享受。

1. 地域性原则

由于不同区域具有不同的生态环境背景，如气候条件、地貌和水文条件等，这种地域的差异性和特殊性就要求我们在恢复与重建退化生态系统的时候，要因地制宜，具体问题具体分析，千万不能照搬照抄，而应在长期定位试验的基础上，总结经验，获取优化与成功模式，然后方可示范推广。

2. 生态学与系统学原则

生态学原则包括生态演替原则、食物链和食物网、生态位原则等。生态学原则要求我们根据生态系统自身的演替规律分步骤分阶段进行，循序渐进，不能急于求成。例如，要恢复某一极端退化的裸荒地，首先应注重先锋植物的引入，在先锋植物改善土壤肥力条件并达到一定覆盖率以后，可考虑草本、灌木等的引入栽培，最后才是乔木树种的加入。另一方面，在生态恢复与重建时，要从生态系统的层次上展开，要有整体系统思想。根据生物间及其与环境间的共生、互惠、竞争和颉颃关系，以及生态位和生物多样性原理，构建生态系统结构和生物群落，使物质循环和能量流动处于最大利用度和最优状态，力求达到土壤、植被、生物同步和谐演替，只有这样，恢复后的生态系统才能稳步、持续地维持与发展。

3. 最小风险原则与效益最大原则

由于生态系统的复杂性以及某些环境要素的突变性，加之人们对生态过程及其内在运行机制认识的局限性，人们往往不可能对生态恢复与重建的后果以及生态最终演替方向进行准确的估计和把握，因此，在某种意义上，退化生态系统的恢复与重建具有一定的风险性。这就要求我们要认真地透彻地研究植被恢复对象，经过综合地分析评价、论证，力争将其风险降到最低限度。同时，生态恢复往往又是一个高成本投入工程，因此，在考虑当前经济的承受能力的同时，又要考虑生态恢复的经济效益和收益周期，这是生态恢复与重建工作中十分现实而又为人们所关心的问题。保持最小风险并获得最大效益是生态系统恢复的重要目标之一，这是实现生态效益、经济效益和社会效益完美统一的必然要求。这些内容是恢复生态学研究的重点课题。

（三）生态恢复与重建的一般操作程序

退化生态系统的恢复与重建一般分为下列几个步骤：①首先要明确被恢复对象，并确定系统边界；②退化生态系统的诊断分析，包括生态系统的物质与能量流动和转化分析，退化主导因子、退化过程、退化类型、退化阶段与强度的诊断与辨识；③生态退化的综合评判，确定恢复目标；④退化生态系统的恢复与重建的自然—经济—社会—技术可行性分析；⑤恢复与重建的生态规划与风险评价，建立优化模型，提出决策与具体实施方案；⑥实施恢复与重建的优化模式试验与模拟研究，通过长期定位观测试验，获取在理论和实践中具可操作性的恢复重建模式；⑦对一些成功的恢复与重建模式进行示范与推广，同时要加强后续的动态监测与评价（章家恩，1999）。

三、生态恢复的植物恢复技术

森林生态系统是陆地生态系统中功能最强、维持地球生态平衡作用最大、调节能力最好的一个系统。

（一）对土壤的改良作用

一般来讲，对于一个生态破坏严重的生态系统，生物种类及其生长介质的丢失或改变是影响生态恢复的主要障碍，对于这一关键问题，通常采用选择合适的植物种类改造介质，使被破坏的生态环境变得更适合其他更多植物的生长，这样可以大大加速自维持生态系统的重建。

选择适宜的植物种类是生态恢复的关键技术之一。对于陆地生态系统的生态恢复，耐干旱、耐贫瘠、固氮、速生、高产的草本或灌木是首选种类，这类植物可以迅速生长，以快速适应被破坏环境的能力改变遭破坏的生态环境，为其他植物的迁移、定居创造条件。固氮植物还能改善基质的养分状况（Roberts，1981）。在种植过程中，根据土壤的元素组成与肥力，辅助一定的水肥，尤其是微生物肥，这些措施对植物的快速生长和土壤条件的改善非常有利。对于结构和功能完全破坏的生态系统，利用物理或化学的方法直接改良土壤是生态恢复的必要手段。例如，在被酸性湿沉降和干沉降所酸化的地区，施加一定量的石灰可以加速改变土壤的 pH 值（高吉喜等，1991）；石墨矿尾砂地掺加一定比例的熟土与风化土后施加 $45\sim135t/hm^2$ 有机肥后，可形成适合小麦等粮食作物种植的土壤（舒俭民等，1996）；稀土尾沙堆在不覆客土，施加有机肥和钙、镁、磷肥后直接种植乔木的一年生苗可取得很好的恢复效果（刘建业等，1993）。

（二）对土壤重金属的净化

对于重金属废弃地，可利用植物根系对土壤重金属吸收作用进行植物整治。苎麻（Boehmeria nivea（L.）Gaud.）就是一种对土壤吸收能力较强的植物，利用苎麻净化土壤，在将受麻地上部分的镉全部移出污染区、切断污染循环的前提下，使土壤镉含量从 50mg/kg 降至 1mg/kg 的净化目标浓度只需 2164 年左右，将镉从 10mg/kg 降至 1mg/kg 亦需 619 年左右（王凯荣等 1998）。桑树的耐旱能力较强，植入受污染的弃耕地后，土壤镉含量下降和向下层迁移的趋势都非常显著（王凯荣等 1998）。由于蚕的耐镉能力较强，因此用含镉较高的桑叶喂养蚕，不仅能整治土壤镉污染，同时还能获得一定经济效益，防止土壤镉进入食物链，是一种较好的生态恢复模式。

植物不仅对镉具有较好的吸收能力，对其他重金属元素也有较好的吸收能力。如四川省大头茶常绿阔叶林对重金属 Cu、Zn.Mn、Pb、Cd 有较强的吸收能力，且主要积累在植物体根部和茎部（孙凡等，1998），因树根和树干是不易被消费者直接啃食的部分，这样就减少了向次级消费者提供重金属的可能性；当树被采伐后，也起到了净化土壤的作用。除此之外，草原生态系统对土壤重金属也有很好的吸收净化效果。

四、我国生态环境建设与生态恢复

（一）黄河上中游地区

该区域生态环境问题最为严峻的是黄土高原地区，总面积约 $64 \times 10^4 km^2$，是世界面积最大的黄土覆盖地区，气候干旱，植被稀疏，水土流失十分严重，是黄河泥沙的主要来源地。生态环境建设应以小流域为治理单元，以县为基本单位，综合运用工程措施和生物措施来治理水土流失，尽可能做到泥不出沟。陡坡地应退耕还林还草，适当增加一定的经济投入，恢复森林植被和草地。在对黄河危害最大的砂岩地区大力营造沙棘水土保持林。妥善解决耕地农民的生产和生活问题，推广节水农业，积极发展林果业、畜牧业和农副产品加工业。

（二）长江上中游地区

该区域生态环境复杂多样，水资源充沛，但保持水土能力差，人均耕地少，且旱地坡耕地多。生态环境建设应以改造坡耕地为主，开展小流域和山系综合治理，恢复并扩大林草植被，控制水土流失，保护天然林资源，停止天然林砍伐，营造水土保持林、水源涵养林和人工草地。有计划地使 25° 以上的陡坡耕地退耕还林还草，25° 以下的坡地改修梯田。合理开发利用水土资源、草地资源和其他自然资源，禁止乱垦滥伐和过度利用，坚决控制人为的水土流失。

（三）三北防护林地区

该区域包括东北西部、华北北部和西北大部分地区。这一地区风沙面积大，多为沙漠和戈壁地。生态环境建设应采取综合措施，大力增加沙区林草植被，控制荒漠化扩大。以三北风沙为主干，以大中城市、厂矿、工程项目为重点，因地制宜兴修各种水利设施，推广旱作节水技术，禁止毁林毁草开荒，采取植物固沙、沙障固沙、引水拉沙造田、建立农田保护网、改良风沙农田、改造沙漠滩地、人工垫土、绿肥改土、普及节能技术和开发可再生资源等各种有效措施，减轻风沙危害。因地制宜，积极发展沙产业。

（四）南方丘陵红壤地区

该区域包括闽、赣、桂、粤、琼、湘、鄂、皖、苏、浙、沪的全部或部分地区，总面积达到 $120 \times 10^4 km^2$，水土流失面积大，红壤占土壤类型的一半以上，广泛分布在海拔 500m 以下的丘陵岗地，以湘赣红壤盆地最为典型。生态环境建设应采取生物措施和工程措施并举，加大封山育林和退耕还林力度，大力改造坡耕地，恢复林草植被，提高植被覆盖率。山丘顶部通过封山育林治理或人工种植治理的方式，发展水源涵养林、用材林和经济林，减少地表径流，防止土壤侵蚀。林草植被与用材林、薪炭林等分而治之，以便充分发挥林草植被的生态作用。

（五）北方土石山区

该区域包括京、冀、鲁、豫、晋的部分地区及苏、皖的淮北地区，总面积约 $44 \times 10^4 km^2$，水土流失面积约 $21 \times 10^4 km^2$。生态建设应加快石质山地造林绿化步伐，开展缓坡修整梯田，建设基本农田,发展旱作节水农业,提高单位面积产量,多林种配置开发荒山荒坡,陡坡地退耕还林还草,合理利用沟滩造田。

(六)东北黑土漫岗区

该区域包括黑、吉、辽大部分及内蒙古东部地区,总面积近 $100 \times 10^4 km^2$,这一地区是我国重要的商品粮和木材生产基地。生态环境建设应采取停止天然林砍伐、保护天然草地和湿地资源、完善三江平原和松辽平原农田林网等主要措施,综合治理水土流失,减少缓坡面和耕地冲刷,改善耕作技术,提高农产品单位面积产量。

(七)青藏高原冻融区

该区域面积约 $176 \times 10^4 km^2$,其中水力、风力侵蚀面积 $22 \times 10^4 km^2$,冻融面积 $104 \times 10^4 km^2$。绝大部分是海拔 300m 以上的高寒地带,土壤侵蚀以冻融侵蚀为主。生态建设应以保护现有自然生态系统为主,加强天然草场、长江源头水源涵养林和原始森林的保护,避免不合理开发。

(八)草原区

我国草原面积约 $4 \times 10^8 hm^2$,主要分布在内蒙古、新、青、川、甘、藏等地区。生态建设应保护好现有林草植被,大力开展人工种草和改良草种,配套建设水利设施和草地防护林网,提高草场的载畜能力。禁止草原开荒种地。实行围栏、封育和轮牧,提高草畜牧产品加工水平。

第四节　自然保护与自然保护区的建设

一、自然保护

(一)基本概念

自然保护开始是以保护动植物为主,到现在已远远超出保护动植物的范围了。人类利用自然,最先发现自然资源衰减问题的是动植物资源,动植物的保护也是最先受到注意。在我国近代自然保护中,也反映出这样一种趋向。20 世纪 70 年代以来,由于环境污染和资源的过度利用,在受到了大自然的惩罚之后,才逐渐注意到自然整体的自然保护问题。

保护这一概念的含义本身也有一个发展过程。最初提出的保护实际上指保管(keeping)和保卫(protection),如我国古代的自然保护措施,"不时"则"不入""不围""不取"等等。稍后所用保护的含义是保存(preservation),即不仅要保护现存的生物体,而且还要保护物种及其赖以生存的环境。近代保护的含义才有保护(conservation),所以自然保护是指人类用科学的方法对生态系统和人类文明加以保护,特别是自然环境和自然资源。自然保护的中心是科学地开发利用自然资源，做到资源越用越多，越用越好，使人类的经济发展与环境能够最大限度地协调。

（二）自然保护的理论基础

生态学是研究生物与环境相互关系的科学，生态系统是研究生物系统与环境系统之间相互关系的一种综合体。自然保护实际上就是对各种生态系统进行保护，而生态平衡理论则是自然保护的理论基础。也就是说在进行自然保护的过程中，一定要以生态学原则为指导，采取行之有效的措施。生态学所揭示的规律和原理是自然保护的理论基础。

1. 物种共生原理

在自然界中存在着性质不同的各种生态系统，不同系统以及同一系统内的各种生物都有着错综复杂的联系，特别是在生态位和化学信息通信系统方面。系统或系统内一个物种的变化对生态系统的结构和功能均有很大的影响，这种影响有时能在短时间内表现出来，有的则需要较长的时间。充分认识到这一点，增加物种和生态系统的多样性，便能获得更高的互助共生的效益。

2. 能量流动和物质循环原理

在自然生态系统中，能量的单向流动和物质循环是生态系统的基本规律。显然能量在生态系统内沿食物链转移时，每经过一次营养级，有一部分能量就要以热能的形式逸散到空气中，无法再次回收利用。因此在开发利用资源时，应该设计多级利用系统。而物质在生态系统中是循环利用的，这种循环是一切自然生态系统自我维持的基础。如果系统内存在有毒物质，在循环的过程中，有毒物质会在循环过程中放大，对系统和人类均有直接和间接的危害。

3. 物种相生相克原理

生态系统中的相生相克源于系统中的食物链，系统中的能量通过食物链转化，物质通过食物链传递，延长食物链，增加食物链的分支，有利于生态系统的稳定和环境保护。

4. 生态位协调稳定原理

生态位主要指某一物种或种群在生态系统内能最大限度地利用环境中的物质和能量的最佳位置，即人们通常所说的给物种在生态系统中定位。生态位和种群是对应的，也就是说一个生态位只能容纳一个特定的生物种群。在自然生态系统中，随着系统的演替向顶极群落阶段发展时，其生态位数目渐增，物种多样性指数增加，空白生态位逐渐被填充，生态位逐渐被饱和，从而构成复杂稳定和网络结构的生态系统。人工生态系统由于物种单一，生态位不饱和，是一种偏途顶极，当人为控制因素消除后人工生态系统易发生变化，是一种不稳定的生态系统。

5. 边缘效益原理

两个或多个不同生物地理群落交界处，往往结构复杂，出现不同生境的种类共生，种的数目和种群密度变化比较大，某些物种特别活跃，生产力相应较高。例如森林和草原交接处，鸟的种类很多；在海湾、河口处鱼类最复杂最活跃；旱涝交替的湖滨，植物适应不良环境的能力较强等等，这些都是自然生态系统的边缘效应。

边缘效应的产生，主要有如下几个原因。

第一，种间竞争：生态系统的演替，是一个不断竞争边缘生态位的过程。凡较适应边缘带环境的或食物链上占优势地位的，以及在共生种间具有促进性他感作用的种群可以得到发展。如果各个物种在边缘带竞争的结果是各司其能，各得其所，相克相生，连环相依，形成高效的物质和能量共生共享网络，那么该边缘带必然物种密集，生产量大。

第二，加成效应：每个生物种在生态系统中实际占有的生态位，由于环境条件的限制，要差于理想生态位，因此，生物具有一种实际生态位向理想生态位靠拢的潜在趋势。边缘带的环境为生物提高实际生态位创造了条件，边缘带具有较优势的生态位，因而种群密度较大，种群较活跃，种群生产力也较高。

第三，协和效应：植物对同一生态因子的利用强度与其他生态因子的状况有关。边缘地带的各种生态因子并不是简单的加成关系。对于某些特定种来说，其固有的生态习性，是在长期的演替过程中，不断地占领边缘，利用边缘而来的，它们一旦与边界异质环境处于合适的生态位相"谐振"时，各个因子之间就会产生强烈的协和效应，使种群增大，生产力增高。

第四，集富效应：边缘地带在生态系统中是多种应力交叉作用的一个子系统，与其他一般子系统相比较，更为复杂、异质和多变，信息较丰富，因而刺激了各子系统中对住处需求高的种群，甚至外系统的种群向边缘地带集结。

（三）保护和开发利用

保护的目的是更好地开发利用，而不是单纯保存；保护的目的是尽可能减少破坏，从而可以减少自然生态环境治理的费用。开发利用的目的是获取长期的经济效益，而不是短期的经济效益，这一点与保护的观点在理论上来讲是相同的。但现实在多数情况下与此观点不相符，主要原因是人们对自然环境和自然资源的理解不够。

1. 关于土地的保护和利用的观点

土地是一种资源，是人类生产活动和生活活动的场所，具有使用价值，遭破坏后，可用影子价格（既有经过劳动，又有未经过劳动的同一类物品同时作为商品进入市场的时候，前者就成为后者的一种影子价格）来衡量对土地所造成的经济损失。

对于土地的利用，应根据土地的质地、结构、地貌、土壤肥力等因子来研究土地的用途。因土地的质量与植被的破坏、草原的退化、利用强度等因素紧密相关，因此，对土地的保护首先应注重植被的保护，利用也应充分考虑不要破坏自然植被，这是一条利用和保护土地的原则。

2. 关于生物资源的保护和利用的观点

生物资源包括植物、动物和微生物3个成分。处理保护和利用关系的关键在于如何认识生物在保护环境中的重要作用，如何实现生物资源的可持续发展。

森林是重要的生物资源,除能提供木材外,在环境保护中还具有涵养水源、保持水土、防风固沙、调节气候、维持碳氧平衡、阻滞粉尘、净化大气、美化环境等功能,因此利用森林资源时应权衡直接的经济效益和间接的生态效益。对森林资源的开发利用,最好的方法应是分而治之,即把集经济效益和生态效益于一体的森林合理地分解为生态防护林和集约经营林。对动物的开发利用也同样如此。

微生物是很宝贵的生物资源,除可以降解动植物有机体残体,还能降解环境中的有害物质,净化污水。微生物的净化污水的这一重要作用,在污水的生物处理中应用相当广泛。如优势菌处理印染废水中水解池的脱色,有机污染物在海水中生物降解,氯代芳香化合物的生物降解,造纸废水中有机氯化物的酶处理等。

3. 关于矿产纤源的保护和利用的观点

矿产是指地球岩石中,那些组成岩石的矿物具有一定开采价值,便形成矿产。矿产是社会生产发展的重要物质基础,所以又称矿产资源。随着人类社会不断向前发展,人类正在迅速地消耗着各地质年代逐渐富集和储藏起来的矿产资源。由于矿产资源的地质过程非常缓慢,所以被称为不可更新资源。对于不可更新资源的利用,要以节约为主,因为矿产资源的再循环利用比较困难,有些几乎是不可能再循环利用。

二、自然保护区

(一)基本概念

自然保护区是指在一定的自然地理景观或典型的自然生态类型地区划出一定的范围,把相应受国家保护的自然资源,特别是珍贵稀有濒于灭绝的动植物资源,以及代表不同自然地带的自然环境和生态系统保护起来,这样划分出的地区范围就叫作自然保护区。

(二)自然保护区的意义

自然界各种生态系统,都是生物及其环境在长期的历史发展过程中形成的,在各种自然地带保留下的具有代表性的天然的生态系统,是大自然留给人类的遗产,是极为珍贵的自然界原始"本底值"。

1. 自然保护区是生物物种的天然贮存库

具有一定面积的自然保护区能够保存各种生物赖以生存的环境条件,可为人类未来的各种需要提供宝贵的"基因"材料。目前,世界上有许多生物种由于自然条件变化或人为的干预,已处于稀有和濒临灭绝的状态,建立自然保护区,对于保护这些物种的繁衍极为重要。

2. 自然保护区对维护自然环境生态平衡有一定的作用

自然保护区由于受到了人们的特殊保护,使得自然保护区内的生物物种能更好地生长发育,发挥生态效益。不过我国现阶段的自然保护区面积还较小,仅靠自然保护区的生态作用还远远不够。

3. 自然保护区是科研、教育和旅游的重要基地

自然保护区内有珍稀的动植物、典型的自然景观,能为科研、教学和旅游提供基地。

(三) 自然保护区的发展

1. 保护区的国际发展现状

随着保护事业的发展及其在人类社会中日益增长的重要地位,自然保护区的数量和面积迅速增多,国际性保护组织随之产生并在不断地扩展和完善中。如国际自然和自然资源保护联盟(International Union for Conservation of Nature and Natural Resources IUCN,1984),它的主要目的在于促进解决世界范围内的自然资源的保护和合理利用的问题;世界自然基金会(World Wild Fund for Nature,WWF),前身是世界野生生物基金会,目的是依靠捐款来资助保护项目;人与生物圈计划(Man and Biosphere Programme MAB,1968),宗旨是社会科学与自然科学结合起来,通过全球性的科学研究、培训及信息交流,为生物圈自然资源的合理利用和保护提供科学依据;联合国环境规划署(United Nations Environment Programme UNEP,1973),目标是通过多学科研究,为生物圈资源的综合与合理管理和保护人类本身及其生态系统提供先进的知识,为保护与改善生态环境而努力。之后,许多重要国际自然保护指导性文件相继问世,保护区类型系统得到了长足发展,各种国际性保护公约相继签订。

2. 国内的发展现状

我国的自然保护区在 20 世纪 50—60 年代,其数量和面积均比较少,到 70 年代,保护区在数量和面积均没有变化,70 年代以后,保护区的数量和面积增加了许多。此外,保护区的类型已由单一的禁伐区发展到了数十个类型,如科学保护区、国家公园和省级公园、自然纪念物、自然资源保护区、需保护的陆地和水域景观、自然生物区、多种用途的经营区、生物圈保护区、世界遗产地。

(三) 自然保护区学科面临的问题

1. 资源问题

虽然我国疆域辽阔、资源丰富,但由于开发历史悠久,不少地方的资源处于恶性循环之中;人口众多,近期利益要求迫切,对资源压力甚大;许多地方生态系统脆弱,自我调节能力差;对生物资源属性认识不足,管理水平低。所以我国资源及其生境的破坏十分严重并且持续加剧。

2. 保护概念的演变问题

国家公园初建时期,自然保护的概念只是作为保护起来一块供旅游欣赏的场所,只具有保存的意思。到 20 世纪 40 年代末国际自然和自然资源保护联盟成立时认为自然保护是明智与合理地利用自然与自然资源,因为不利用自然与自然资源人类就无法维持生活。1978年在 IUCN 第十四届大会上,对自然保护的概念认为是"对人类所利用的生物圈及其内的生态系统和物种的管理,旨在使它们既可为当代人提供最大的持续利益,又可为世世代代保持满足他们需要和渴望的潜力",并把永续发展作为自然保护的一个组成部分。1980 年在《世

界自然资源保护大纲（World Conservation Strategy, WCS））中对该定义进一步明确为保存、维护、永续利用、恢复和对自然环境的改善。

3. 经营管理的问题

已建的保护区大多数没有经营管理能力或经营水平低,保护区的作用没有得到发挥。

4. 威胁的问题

威胁是指自然界某些具有价值的特点处于降质或破坏的危险之中。它是当前自然保护上存在的最大、最严重、最亟待解决的问题。

第五节　环境污染的特征

环境本身具有一定的自净能力,当人为或自然因素向环境中排放的有害物质超过自然环境的自净能力时就会出现环境污染,但造成环境污染的主要因素是人为因素。环境遭到污染之后,生物有机体的生存环境恶化,高浓度的污染物质产生急性中毒,如伦敦烟雾事件（1952）、日本水俣事件（1956）等。低浓度的污染物质会通过食物链的传递而产生放大作用,即生物放大。有些污染物质,如重金属元素进入生态系统之后就很难被微生物降解,而现有的物理措施因费用高,现有的化学措施困难持久等特点,未被广泛推广应用,较有效的生物整治措施也正处于探索之中。总之,污染物质具有影响时间长、波及面积大、难治理等特征。

一、水体污染

（一）水体定义

水体有两个含义:一般是指河流、湖泊、沼泽、水库、地下水、海洋的总称;在环境学领域中则把水体当作包括水中的悬浮物、溶解,物质、底泥和水生生物等完整的生态系统或完整的综合自然体来看。在环境污染的研究中,区分"水"与"水体"的概念十分重要。例如重金属污染物易于从水中转移到底泥中,水中重金属的含量一般都不高,若着眼于水,似乎未受到污染,但从水体看,可能受到较严重的污染,使该水体成为长期的次生污染源。研究水体污染主要研究水污染,同时也研究底质（底泥）和水生生物体污染。所谓水污染是指排入水体的污染物使该物质在水体中的含量超过了水体的本底含量和水体的自净能力,从而破坏了水体原有的功能。

（二）水体污染物

1. 需氧污染物

生活污水和某些工业废水中所含的碳水化合物、蛋白质、脂肪和木质素等有机化合物可在微生物作用下最终分解为简单的无机物质,这些有机物在分解过程中需要消耗大量的氧气,故被称为需氧污染物。需氧有机物是水体中最普遍存在的一种污染物。

（1）溶解氧（DO）是水质的重要参数之一，也是鱼类等水生动物生存的必要条件。一般鱼类生活所需的氧量视鱼种、发育阶段、活动强度和水温等因素而定。由于各种因素的影响，水中 DO 含量变化很大，即在一天之中也不相同，主要影响因素有：再充气过程、光合作用、呼吸和有机废物的氧化作用。再充气过程与水中的 DO 含量有关，当 DO 含量与水中氧的溶解差距越大时，复氧常数增大。水生植物的光合作用在白昼进行并产生氧，也会使水中的 DO 增加。水生生物的呼吸作用消耗水中的氧而使 Do 减少。当水体污染程度较低时，好气性细菌使有机废物发生氧化分解而逐渐消失，因此 DO 减少到一定含量后而不再下降。但如污染比较严重，超过水体自净的能力，则水中 Do 耗尽，从而发生厌气性细菌的分解作用，同时水面常会出现黏稠的如絮状物使与空气隔开，妨碍再充气过程的进行，此时水中 DO 不足，严重时可能会引起鱼类等水生动物的死亡。

（2）生化需氧量（BOD）是指在一定条件下，微生物分解水体中有机物质的生物化学过程中所需溶解氧的量。BOD 有两种形式，一是 BOD 用，表示经过时间 t 所耗用的氧量；一是 BoD 余，表示该时刻水中所残余的生化需氧量。它们均为时间 t 的指数函数。

有机废物中亚硫酸盐、亚硝酸盐和硫化物等在一天内可氧化完成；有的氧化需 7~10 天才能完成，某些有机物完全氧需 20 天左右。因此，目前水质标准采用在 20℃下分解 5 天所需耗用的氧量，用 BODS 表示，它通常占 BOD 总量的 70% 左右。

BOD 是水质管理中的一个非常重要的指标，一般生活污水的 BOD_5 约为 $200 \mu g/g$，工业废水的 BOD_5 每克高达数千微克，在 20℃时水中溶解的饱和浓度为 $10 \mu g/g$ 左右，水中的 DO 很快会被污水耗尽而引起水生动物死亡和氧气分解。

（3）化学需氧量（COD）化学需氧量是指水样在规定条件下用氧化剂处理时，其溶解性或悬浮性物质消耗该氧化剂的量。也是管理中的一个非常重要的指标，家庭养殖场、印染厂、皮革厂、化工厂等的废水中，COD 的浓度较高。

2. 水体富营养物

湖泊、水库等水域的基本水质问题是富营养化。富营养化的一个重要标志是由于营养物质的刺激，使浮游生物，特别某些蓝藻、绿藻和硅藻大量繁殖，在水面形成稠密的藻被层；同时，大量死亡的藻类沉积在底部，进行耗氧分解，使水中溶解氧下降，引起鱼类和其他水生动物的死亡。湖泊、水库中的营养物主要指能够促进藻类大量生长和繁殖，并导致湖泊富营养化的物质，如氮、磷等。形成湖泊、水库富营养化的营养源主要来自 3 个方面：由地面径流输入的营养源；由降水、降尘输入的营养源，以及由城市或工业污水输入的营养源。

地面径流产生的营养负荷取决于土地类型、地形、土壤特征、植被及土地利用方式等因素。降水的营养负荷可以通过对历次降水中的营养物质含量的监测和降水量监测来计算。人为的营养负荷主要分两部分：生活污水中的营养负荷和工业废水中的营养负荷。

3. 重金属

在重金属中以汞毒性最大，镉次之，铅、铬、砷也有相当大的毒害作用，是污水排放中不许稀释排放的污染物质。重金属污染物最主要的特性是在水体中不能被微生物降解，而只能发生各种形态之间的相互转化,以及分散和富集的过程。这些过程统称为重金属迁移。

4.酚类化合物

水体中酚的来源主要是冶金、煤气、炼焦、石油化工、塑料等工业排放的含酚废水。由于各种工业的原料、工艺、产品不同,各种含酚废水的浓度、成分、水量都有较大的差别。另外,粪便和含氮有机物的分解过程中也产生少量酚类化合物,所以城市生活污水也是酚污染物的来源。如经常摄入的酚量超过解毒能力时,人会慢性中毒,进而发生呕吐、腹泻、头疼头晕、精神不安等症状。水中含 0.1~0.5mg/L 酚时,对鱼类虽然无直接毒害,但能使鱼肉异味而影响食用。有时吃鱼时遇到的异味就是酚。

5.氟化物

水体中氟化物主要来自化学、电镀、煤气、炼焦等工业排放的含氟废水。氟化物是剧毒物质,一般人只要误服 0.1g 左右的氟化钾或氟化钠便立即死亡。含氰废水对鱼类有很大毒性,当水中 CN- 含量达 0.3~0.5mg/L 时,鱼可死亡。生活污水中氯化物不许超过 0.05mg/L。

6.酸性及一般无机盐类和放射性物质

酸性废水主要来自矿山排水、冶金和金属加工酸洗废水和雨水淋洗含 SO_2 烟气后流入水体的酸雨。碱性废水主要来自做法造纸、人造纤维、制碱、制革等工业废水。酸、碱废水彼此中和,可产生各种盐类,它们分别与地表物质反应也能生成一般无机盐类,所以酸碱污染必然带来无机盐类污染。酸、碱废水破坏水体的自然缓冲作用,消灭或抑制细菌及微生物的生长,妨碍水体的自净功能,腐蚀管道和船舶。酸碱污染还改变了水体的 pH 值,增加水的硬度。

大多数水体在自然状态下都有极微量的放射性。第二次世界大战后,由于原子能工业,特别是核电站的发展,水体的放射性日益增高。此外,水体中的污染物还有农药、病原微生物和致癌物等。

四、海洋污染

(一)海洋污染的定义

海洋污染通常指由于人类的活动改变了海洋的原来状态,使人类和生物在海洋中的各种活动受到不利的影响。海洋的状态一般可由物理、化学和生物三方面表示。

海水的温度、含盐量和透明度是物理属性;pH 值、溶解氧、氧化还原电位等是化学属性;生物种类、数量、分布状况及生物间的相互关系等是生物属性。

(二)海洋污染的特点

1.污染源广

人类活动产生的废物不管是扩散到大气中还是弃在陆地或排入河流,受各种因素的影响,最后都进入海洋。

2. 持续性强

与大气污染和河流污染相比,海洋的污染很难或不可能转移到其他场所,相反还要接受来自大气、陆地和河流的污染物质。所以,一些未溶解的和不易分解的物质长期在海洋中蓄积,并且随着时间的推移,越积越多。

3. 扩散范围大

工业废水排入海洋后,其密度比海水小而浮在上面,不立即混合,须通过潮流和其他涡流的作用,它们才逐渐混合起来;然后,又通过由低纬度流向高纬度和由深层流向赤道的"海流"把混入海水中的污染物质带到很远的海域去。如从北冰洋和南极洲捕获的鲸鱼中分别检出了 0.2 和 0.5mg/kg 的多氯联苯。

4. 控制复杂

上述海洋污染的 3 个特点决定了海洋污染控制的复杂性。要防治和消除海洋污染,必须进行长期的监测和综合研究,对污染源进行管理,包括对工业的合理布局和资源的综合利用,以防为主。

第六节　环境污染对生物的影响

生物的生存环境被污染后,生物体内的毒物含量会逐渐积累。当富集到一定数量后,生物就开始出现受害症状:生理、生化过程受阻,生长发育停滞,最后导致死亡。

一、对植物的影响

(一)对植物吸收的影响

污染物能影响植物根系对土壤中营养元素的吸收,原因是污染物能改变土壤微生物的活性,也能影响酶的活性。盆栽水稻时,土壤酶活性与添加铅浓度呈显著负相关,如蛋白酶、蔗糖酶、B 葡萄糖苷酶、淀粉酶等。但是腺酶则随 Pb-Cd 浓度升高而增加,呈明显正相关。铝浓度增加,土壤酸性磷酸酯酶的活性相应降低,也表现为负相关。恰为 10mg/kg 时,酶的相对活性为 76.9%,铬在 1000mg/kg 时,酶的相对活性为 2.54%,但随时间的延长,土壤磷酸酯酶的活性逐渐恢复。10mg/kg 浓度的信在 30 天后不影响土壤磷酸酯酶的活性,但在高浓度下,该酶的活性在 30 天以后还继续受抑制。铬浓度对胭酶活性的影响,初期不同浓度间对脲酶活性影响的差别并不显著,30 天后,铬为 10mg/kg 时,相对活性为 83.7%,在 1000mg/kg 时,相对活性 46.2%。

污染物对土壤酶的抑制有两方面的原因。首先是污染物进入土壤对酶产生直接作用,使得酶的活性基团、酶的空间结构等受到破坏,单位土壤中酶的活性下降;其次是污染物通过抑制微生物的生长、繁殖,减少体内酶的合成和分泌,最终使单位土壤中酶活性降低。

首先由于土壤微生物和酶活性的变化,从而影响土壤中某元素的释放和可给态量。其次是污染物能抑制植物根系的呼吸作用,影响根系吸收能力。研究表明镉能明显影响玉米幼苗对氮、磷、钾、钙、镁、铁、锰、锌、铜的吸收,使玉米幼苗体内氮、磷、锌的含量降低。

(二)对植物细胞超微结构的影响

植物在受到重金属或其他污染物的影响而还未表现出可见症状时,在组织和细胞中已发现生理生化和亚细胞显微结构等微观方面的变化。

1. 铅、镉诱导玉米根、叶细胞核的变化

经 $10\mu g/g$ 镉处理 5 天后,可观察到细胞核变形、外膜肿大、内腔扩大,严重的核膜内陷;在 $25\mu g/g$ 镉处理时,可观察到核的变形肿胀,核仁碎裂趋向。

2. 镉、铅诱导玉米根、叶线粒体结构的变化

对照玉米幼根的线粒体具有完整的外膜,线粒体无肿胀,内腔中有许多突起。$5\mu g/g$ 镉处理玉米 5 天后,线粒体结构无明显变化;$10\mu g/g$ 镉处理 5 天后,线粒体出现受害症状,表现为凝聚性线粒体,膜扩张,内腔中突起消失,出现颗粒状内含物,中心区出现空泡。玉米叶线粒体也出现同样受害症状,$100\mu g/g$ 铅处理 5 天后,线粒体没有明显受害症状,但经 $500\mu g/g$ 处理时,线粒体高度肿胀,腔内出现絮状沉积物。

3. 镉、铅对叶绿体超微结构的影响

对照植物叶绿体单层排列在细胞内壁表面,叶绿体为长椭圆形,由许多基粒片层及基质片层组成。但经镉、铅污染后,叶绿体结构发生明显变化,在低浓度处理时($\mu g/g$ 镉、$1100\mu g/g$ 铅处理 5 天)叶绿体首先表现出基粒片层稀疏,层次减少,分布不均;经 $25\mu g/g$ 处理后,基粒片层很多都消失,类囊体空泡,基粒垛叠混乱等。

(三)对种子生活力的影响

用镉处理种子后,发芽率下降,蛋白水解酶活性受到抑制,根尖细胞有丝分裂频率随着种子中镉积累的增加而下降。

(四)对植物生长发育的影响

不同浓度的 Hg^{2+} 对水稻种子胚根生长有明显的抑制作用,$15\mu g/g$ 和 $20\mu g/g$ 对胚根纵向生长具有强烈的抑制作用。镉对水生植物生长也有明显的抑制作用,随着镉浓度增大,根的增加量相应减少,增长率降低、断根增加。镉的这种抑制作用是由于根尖生长点的细胞分裂受到抑制而使根尖受害,降低了根的吸收功能。加上植物叶片褪绿,光合作用减弱,最终导致生物产量的降低。

污染物对植物发育的影响以花期最为明显。植物产量也受污染物浓度的影响,浓度越高,产量越低。

（五）对植物生理生化的影响

1. 对细胞膜透性的影响

污染物能影响细胞膜的透性，从而影响植物对营养物质的吸收。O_3 也能破坏细胞膜的透性，将质膜上的蛋白质（胱氨酸、蛋氨酸、色氨酸、酪氨酸）的活性基团和不饱和脂肪酸的双键氧化，使质膜透性增加。

2. 对光合作用的影响

污染物对光合作用的影响，是植物受害的主要原因。以二氧化硫为例，它一方面抑制二磷酸核酮糖梭化酶的活性，阻止对 CO_2 的固定；另一方面使光系统和非环式光合磷酸化受阻，影响 ATP 的合成，使光合作用下降。

重金属对植物光合作用的影响也是比较广泛的。如 Pb^{2+} 能抑制菠菜叶绿素中光合电子传递，抑制光合作用中对 CO_2 的固定；CO_2 主要抑制光化学系统 Ⅱ 的电子运转，影响光合磷酸化作用，并增加叶肉细胞对气体的阻力，从而使光合作用下降。

3. 对呼吸作用的影响

污染物能使呼吸作用下降，叶绿素 a 与叶绿素 b 的比值下降。

4. 对植物化学成分的影响

植物受 SO_2 污染后，总氮量与蛋白质含氮量均下降，且蛋白质中氮量下降要比总氮量下降更明显，这种下降率随处理时间的延长而增加。

植物体营养成分也受重金属的影响。镉在蚕豆种子内的积累，能明显影响种子中氨基酸含量。

二、对动物的影响

重金属元素能严重影响和破坏鱼类的呼吸器官，导致呼吸功能减弱。首先这些重金属元素能粘积在鱼的表面，造成其上皮和黏液细胞的贫血和营养失调，从而影响对氧的呼吸和降低血液输送氧气的能力；重金属还能降低血液中呼吸色素的浓度，使红细胞减少。

用亚致死剂量镉处理蝶鱼（Pleurohectes flecus），有明显的贫血反应。甲基汞使血红蛋白、血浆中的 Na^+ 和 Cl^- 增加。Cl^- 能干扰肝脏对维生素 B 的正常储存。

污染物对动物内脏的破坏作用极明显。某些污染物，如 Pb、Cd 还能使鱼脊椎弯曲。有机氯农药对鱼类、水鸟、哺乳动物的繁殖有严重影响，能使许多鸟类蛋壳变薄。

三、对人的影响

氟是环境中主要污染物之一，在氟污染地区常引起氟中毒。氟引起的疾病有斑釉齿、骨质硬化症、甲状腺肿瘤等。人体每天摄取 8~10mg 以上就会出现氟骨症，具体症状有：骨硬化（棘突、骨盆、胸廓）；不规则骨膜骨的形成；异位钙化（韧带、囊、骨间膜、肌肉附着部位、肌腱）；伴随骨髓缩小的骨密质增厚、密度增大；不规则骨赘；肌肉附着部位显著和粗糙等。

铅中毒会引起贫血,是因为亚铁螯合酶被干扰,使细胞和线粒体对铁的摄取量和利用率下降,干扰卟啉对铁的缀合,抑制血红素的合成。

镉能引起骨痛。骨痛病者大多身材矮小,伴随脊椎与胸腔变形;大多出现末鞘神经障碍;有红色素性贫血;肾小管功能障碍及中度肾小球障碍;低血压;肾小管钠再吸收障碍。大气中镉浓度在 $50\mu g/m^2$ 以下时,对健康不会有影响,食物中含镉 0.3mg/kg 以上的大米就不能食用。

镉及其化合物能引起染色体畸变,其中六价镉的诱变率大于三价铬。

硫能致癌,特别是肺癌。SO_2 有促癌作用,原因是亚硫酸离子容易与核酸中的喀咤碱基发生反应,由亚硫酸离子和氧生成的游离基,还能切断脱氧核糖核酸(DNA)链等作用,亚硫酸对核酸的另一作用是因为 DNA 中胞氨酸不可逆地变为尿氨酸,导致遗传信息变化而引起突变。

有机化合物进入机体后的毒理机制有两方面,其一是毒性来自本身的化学结构,如生物碱、氯仿、乙醛等,毒害作用相当于物质本身的生理毒性。该物质毒害作用的大小取决于进入生物体内的数量。其二是毒性与代谢有关,大部分慢性毒物属这一类。这类毒物进入生物体后,在酶的作用下,能产生不可逆的化合物,使蛋白质的化学特性发生改变,导致组织坏死和变态;而核酸的化学特性改变能破坏细胞正常传递遗传信息,引起细胞突变、死亡,组织出现肿瘤。进一步研究这类物质对核酸特别是 DNA 的作用,证明是因为和形成氢键的碱基对的碱基直接结合,使 A—T,C—G 键不能形成,遗传信息的转录和正常的 DNA 复制就不能进行,结果导致细胞突变和组织癌变。

有机污染物中的有机磷农药,能在体内产生抑制酶的代谢产物。这种代谢产物常可引起急性神经障碍症状。

苯并[a]芘、偶氮色素是一种强烈的致癌物质。亚硝基化合物的致癌作用虽不比某些化合物强,但由于广泛存在于人类的生活环境中,所以是一类很危险的化合物。

第七节　环境污染的生态治理

生态治理是污染治理中的最高一种治理境界,它强调清洁工艺生产,对资源进行多级利用,实现可持续发展的目标,也是 21 世纪对环境进行综合整治的研究热点和主要方法,是一种治本的措施。

一、水污染的生态治理

（一）活性污泥法

1. 废水生物处理

废水生物处理是通过微生物的新陈代谢作用，将废水中有机物的一部分转化为微生物的细胞物质，另一部分转化为比较稳定的化学物质（无机物或简单有机物）的方法。不论何种生物处理系统，都包括 3 个基本要素，即作用者、作用对象和环境条件。生物处理的主要作用者是微生物，特别是其中的细菌。根据生化反应中氧气的需求与否，可把细菌分为好氧菌、兼性厌氧菌和厌氧菌。主要依赖好氧菌和兼性厌氧菌的生化作用来完成处理过程的工艺，称为好氧生物处理法；主要依赖厌氧菌和兼性厌氧菌的生化作用来完成处理过程的工艺，称为厌氧生物处理法。在绝大多数情况下，生物处理的主要作用对象（即充作微生物营养物质的化学物质）为可生化的有机物；仅在个别情况下，生物处理的主要对象可以是无机物（如好氧条件下进行的硝化处理对象是氮，厌氧处理条件下进行的反硝化处理的对象是硝酸盐）。

生物处理需要提供众多的环境条件，但从处理方法的分类角度看，最基本的环境条件当属氧的存在或供应与否。好氧生物处理必须充分供应微生物生化反应所必需的溶解氧；而厌氧生物处理过程则必须隔绝与氧的接触。由于受氧的传递率的限制，微生物进行好氧生物处理时有机物浓度不能太高。所以有机固体废弃物、有机污泥、有机废液及高浓度有机废水的生物处理，自然是在厌氧条件下完成的。

（1）好氧生物处理

在废水好氧生物处理过程中，氧是有机物氧化时的最后氢受体，正是由于这种氢的转移，才使能量释放出来，成为微生物生命活动和合成新细胞物质的能源。所以，必须不断地供给足够的溶解氧。

好氧生物处理时，一部分被微生物吸收的有机物氧化分解成简单无机物（如有机物中的碳被氧化成二氧化碳，氢与氧化合成水，甄被氧化成氨、亚硝酸盐和硝酸盐，磷被氧化成磷酸盐，硫被氧化成硫酸盐等），同时释放能量，作为微生物自身生命活动的能源。另一部分有机物则作为其生长繁殖所需的构造物质，合成新的原生质。

（2）厌氧微生物处理

有机物的厌氧分解过程分为两个阶段。在第一阶段中，发酵细菌（产酸细菌）把存在于废水中的复杂有机物转化成简单有机物（如有机酸、醇类等）和 CO_2、NH_3、H_2S 等无机物。在第二阶段中，首先由与甲烷菌共生的产氢、产乙酸将单键有机物转化成氢和乙酸；再由甲烷细菌将乙酸（以及甲醇、甲酸和甲胺）、CO_2 和》转化成 CH_4 和 CO_2 等。

厌氧分解过程中，由于缺乏氧作为氢受体，因而对有机物分解不彻底，代谢产物中生成众多的简单有机物。

2.活性污泥基本原理

（1）活性污泥与活性污泥法

有机废水经过一段时间的曝气后，水中会产生一种以好氧菌为主体的茶褐色絮凝体，其中含有大量的活性微生物，这种污泥絮体就是活性污泥。活性污泥是以细菌、原生动物和后生动物所组成的活性微生物为主体，此外还有一些无机物、未被微生物分解的有机物和微生物自身代谢的残留物。活性污泥结构疏松，表面积很大，对有机污染物有着较强的吸附凝聚和氧化分解能力。在条件适当的时候，活性污泥还具有良好的自身凝聚和沉降性能，大部分絮凝体在 0.02~0.2mm 范围内。从废水处理角度来看，这些特点都是十分可贵的。

活性污泥法就是以废水中的有机污染物为培养基，在有溶解氧的条件下，连续地培养活性污泥，再利用其吸附凝聚和氧化分解作用净化废水中有机污染物。普通活性污泥法处理系统由以下几部分组成。

曝气池在池中使废水中的有机污染物质与活性污泥充分接触，并吸附和氧化分解有机污染物质。

曝气系统供给曝气池生物反应所必需的氧气，并起混合作用。

二次沉淀池用以分离曝气池出水中的活性污泥，它是相对初沉池而言的，初沉池设于曝气池之前，用以去除废水中粗大的原生悬浮物。悬浮物少时可以不设，但家禽养殖场、医院等最好设一个初沉池。

污泥回流系统这个系统把二次沉淀池中的一部分沉淀物再回流到曝气池，以供应曝气池赖以进行生化反应的微生物。

剩余污泥排放系统曝气池内污泥不断增殖，增殖的污泥作为剩余污泥从剩余污泥排放系统排出。

活性污泥净化废水的能力强、效率高、占地面积少、臭味轻，但产生剩余污泥量大、对水质水量的变化比较敏感、缓冲能力弱。

（2）活性污泥增长特点与净化作用

废水中的有机物（即食料）和活性污泥（即微生物）的比值控制得适当时，活性污泥量的变化经历对数增长、增殖衰减和内源呼吸 3 个阶段。在未充分适应基质条件时，开始还会有一个迟缓期。对数增长阶段是有机物按最大速率降解阶段，其特点是微生物的营养丰富、活性强、污泥增长不受营养条件的限制；但此时凝聚性能差，分离效果不好，因而处理效果差。这种情况出现在高负荷活性污泥系统。增殖衰减阶段是由于营养条件限制了活性污泥的增长，因而增长速率逐渐下降。这种情况下，污泥的凝聚沉降性能较好。内源呼吸阶段由于营养缺乏，微生物开始代谢自身原生质。废水生物处理中，主要运行范围在增殖阶段，如果要得到高稳定的出水，也可利用内源呼吸阶段。

活性污泥净化废水的作用是依靠吸附和氧化两个阶段完成的，在废水处理中，要使活性污泥保持良好状态，吸附凝聚和氧化分解应保持适当的平衡。只要条件适当，活性污泥在与水初期接触的 20~30min 内，就可以去除 75% 以上的 BoD，这种现象称为活性污泥的初期吸附或生物吸附。初期吸附的基本原因，在于活性污泥具有巨大的表面积（2000~10000m² 混合液），且其表面具有多糖类黏液层。如果废水中悬浮的或胶体的有机物多，则这种初期吸附去除的比率就大。此外，还与污泥的状态有关，如果原吸附于污泥上的有机物代谢彻底，则二次吸附时的吸附量就大。但若回流污泥经历了长时期曝气，使微生物进入了内源吸附期，活性降低，则再吸附能力也降低，即初期吸附量也就低。

活性污泥的作用主要是氧化分解在吸附段吸附的有机物，同时也继续吸附残余物质。氧化分解作用相当慢，所需时间比吸附时间长得多，可见曝气池的大部分容积是在进行有机物的氧化和微生物的合成。

活性污泥中的菌胶团以及常见的产碱杆菌、无色杆菌、黄杆菌、假单胞菌等，都是易形成絮凝体的。但是在营养水平高的条件下，由于细菌活力强，难以结合成絮凝体。只有在营养相对不足和能量水平较低的情况下，细菌活力低、运动能力弱，彼此才易结合成絮凝体。在活性污泥混合液中，如果营养与污泥之间的比值高，微生物处于对数增长期，能量水平高，污泥凝聚性能差；反之，营养与污泥微生物比值低，致使微生物增长处于增长下降段或其后期，此时由于能量水平低，故易于凝聚。普通活性污泥法的曝气池的末端即呈现后一状态。

（二）生物膜法

1.概述

生物膜法和活性污泥法一样，同属于好氧生物处理方法。但活性污泥法是依靠曝气池中悬浮流动着的活性污泥来净化有机物的，而生物膜法是依靠着生于固体介质表面的微生物来净化有机物的，这种方法称为生物过滤法。

生物膜法具有以下几个特点：固着于固体表面上的微生物对废水水质、水量的变化有较强的适应性；和活性污泥法相比，管理较方便；由于微生物固着于固体表面，即使增殖速度慢的微生物也能生长，从而构成了稳定的生态系统。高营养级的微生物越多，污泥量自然就越少。一般认为，生物过滤法比活性污泥法的剩余污泥量要少。

生物膜法分为以下 3 类：①润壁型生物膜法。废水和空气沿固定的或转动的接触介质表面的生物膜流过，如生物滤池和生物转盘等；②浸没型生物膜法。接触滤料固定在曝气池内，完全浸没在水中，采用鼓风曝气，如接触敏法；③流动床型生物膜法。使附着有生物膜的活性炭、砂等小粒径接触介质悬浮流动于曝气池内。

2.基本原理

（1）生物膜的形成及特点

在净化构造物中，填充着数量相当多的挂膜介质，当有机废水均匀地淋洒在介质表层上时，便沿介质表面向下渗流，在充分供氧的条件下，接种的或原存在于废水中的微生物就在介质表面增殖。这些微生物吸附水中的有机物，迅速进行降解有机物的生命活动，逐渐在介质表面形成黏液状生长，有极多微生物的膜，即称之为生物膜。

随着微生物的不断繁殖增长，以及废水中悬浮物和微生物的不断沉积，使生物膜的厚度不断增加，其结果是使生物膜的结构发生变化。膜的表层和废水接触，由于吸取营养和溶解氧比较容易，微生物生长繁殖迅速，形成了由好氧生物和兼氧生物组成的好氧层（1~2mm）。在其内部和介质接触的部分，由于吸取养料和溶解氧的供应条件差，微生物生长繁殖受到限制，好氧微生物难以生活，兼性微生物转为厌氧代谢方式，某些厌氧微生物恢复了活性，从而形成了由厌氧微生物和兼性微生物组成的厌氧层。厌氧层是在生物膜达到一定厚度时才出现的，随着生物膜的增厚和外伸，厌氧层也逐渐变厚。

在负荷低的净化构造物内，由于有机物氧化分解比较完全生物膜的增长速度较慢，好氧层和厌氧层的界限并不明显。但在高负荷的净化构造物内，生物膜增长迅速，好氧层和厌氧层的分界比较明显。

在处理过程中，生物膜总是在不断地增长、更新、脱落。造成生物膜不断脱落的原因有：水力冲刷、由于膜增厚造成重量的增大、原生动物的松动、厌氧层和介质的黏结力较弱等，其中以水力冲刷最为重要。从处理要求看，生物膜的更新脱落是完全必要的。

生物膜是由细菌、真菌、藻类、原生动物、后生动物以及一些肉眼可见的蠕虫、昆虫的幼虫组成。生物膜是生物处理的基础，必须保持足够的数量。一般认为，生物膜厚度介于2~3mm 时较为理想。生物膜太厚，会影响通风，甚至造成堵塞。厌氧层一旦产生，会使处理水质下降，而且厌氧代谢产物会恶化环境卫生。

（2）生物膜中的物质迁移

由于生物膜的吸附作用，在其表面有一层很薄的水层，称之为附着水层。附着水层内的有机物大多已被氧化，其浓度比滤池进水的有机物浓度低得多。因此，进入池内的废水沿膜面流动时，由于浓度差的作用，有机物会从废水中转移到附着水层中去，进而被生物膜所吸附。同时，空气中的氧在溶入废水后，进入生物膜。在此条件下，微生物对有机物进行氧化分解和同化合成，产生的二氧化碳和其他代谢产物一部分溶入附着水层，一部分析出到空气中去，如此循环往复，使废水中的有机物不断减少，从而得到净化。

在向生物膜细菌供氧的过程中，由于存在着气液膜阻抗，因而速度甚慢。所以随着生物膜厚度的增大，废水中的氧将迅速地被表层的生物膜所耗尽，致使其深层因氧不足而发生厌氧分解，积蓄了 H_2S、NH_3、有机酸等代谢产物。但当供氧充足时，厌氧层的厚度是有限度的，此时产生的有机酸类能被异养菌及时地氧化成 CO_2 和 H_2O，而 NH_3 和 H_2S 被自养菌氧化成 NO_2^-、NO_3^- 和 SO_4^{2-} 等，仍然维持着生物膜的活性。若供氧不足，从总体上讲，厌氧菌将起主导作用，不仅丧失好氧生物分解的功能，而且将使生物膜发生非正常的脱落。

（3）生物膜净化废水的原理

生物膜蓬松和絮状结构，微孔多表面积大，具有很强大的吸附能力。生物膜微生物以吸附和沉积于膜上的有机物为营养。增殖的生物膜脱落后进入废水，在二次沉淀池中被截留下来，成为污泥。如果有机物负荷比较高，生物膜对吸附的有机物来不及氧化分解时，能形成不稳定的污泥，这类污泥需要进行再处理，其处理水的 NO_3^- 可在 2mg/L 左右，BOD_5 去除率为 60%~90%。若负荷低，废水经过处理后，BOD_5 可降低到 25mg/L 以下，硝酸盐（NO_3^-）含量在 10mg/L 以上。

（三）厌氧生物处理法

在断绝与空气接触的条件下，依赖兼性厌氧菌和专性厌氧菌的生物化学作用，对有机物进行生化降解的过程，称为厌氧生物处理法或厌氧消化法。

若有机物的降解产物主要是有机酸，则此过程称为不完全的厌氧消化，简称为酸发酵或酸化。若进一步将有机酸转化为以甲烷为主的生物气体，这一全过程称为完全的厌氧消化，简称为甲烷发酵或沼气发酵。

厌氧生物处理法的处理对象是：高浓度有机工业废水、城镇污水的污泥、动植物残体及粪便等。早期的处理构筑物有双层沉淀池、普通消化池和高速消化池。近年来又发展了一些新型的工艺，如厌氧接触系统、厌氧生物滤池、厌氧污泥床等。

厌氧生物处理的方法和基本功能有：①酸发酵的目的是为进一步进行生物处理提供易生物降解的基质；②甲烷发酵的目的是进一步降解有机物和生产气体燃料。完全的厌氧生物处理工艺因兼有降解有机物和生产气体燃料的双重功能，得到了广泛的发展和应用。

（四）自然条件下的生物处理法

自然条件下的生物处理法不但费用低廉、运行管理简便，而且对难生化降解有机物、氮磷营养物和细菌的去除率都高于常规二级处理，达到部分三级处理的效果，且其基建费用和处理成本只分别为二级处理厂的 1/5~1/3 和 1/20~1/10。此外，在一定条件下，生物稳定塘还能作为养殖塘加以利用，污水灌溉则可将废水和其中的营养物质作为水肥资源利用，获得除害兴利、一举两得的效果。所以，近十多年来，这类古老的废水处理技术又恢复了生机，并在国内外得到迅速发展。

1. 稳定塘

稳定塘又称氧化塘，是一种天然的或经过一定人工修整的有机废水处理池塘。按照占优势的微生物种属和相应的生化反应，可分为好氧塘、兼性塘、曝气塘和厌氧塘四种类型。

（1）好氧塘

好氧塘是一种主要靠塘内藻类的光合作用供氧的氧化塘。它的水较浅，一般在 0.3~0.5m，阳光能直接射透到池底，藻类生长旺盛，加上塘面风力搅动进行大气复氧，全部塘水都呈好氧状态。

按照有机负荷的高低，好氧塘可分为高速率好氧塘、低速率好氧塘和深度处理塘。高速率好氧塘用于气候温暖、光照充足的地区处理可生化性好的工业废水，可取得 BOD 去除率高、占地面积少的效果，并副产藻类饲料。低速率好氧塘是通过控制塘深来减小负荷，常用于处理溶解性有机废水和城市二级处理厂出水。深度处理塘（精度塘），主要用于接纳已被处理到二级出水标准的废水，因而其负荷很小。

（2）兼性塘

兼性塘的水深一般在 1.5~2m，塘内好氧和厌氧生化反应兼而有之。在上部水层中，白天藻类光合作用旺盛，塘水维持好氧状态，其净化机制和各项运行指标与好氧塘相同；在夜晚,藻类光合作用停止,大气复氧低于塘内耗氧,溶解氧急剧下降至接近于零。在塘底,由可沉固体和藻、菌类残体形成了污泥层,由于缺氧而进行厌氧发酵,称为厌氧层。在好氧层和厌氧层之间,存在着一个碱性层。

兼性塘是氧化塘中最常用的塘型,常用于处理城市一级沉淀或二级处理出水。在工业废水处理中,常在曝气塘或厌氧塘之后作为二级处理塘使用,有的也作为难生化降解有机废水的贮存塘和间歇排放塘(污水库)使用。由于它在夏季的有机负荷要比冬季所允许的负荷高得多,因而特别适合处理在夏季进行生产的季节性食品工业废水。

（3）曝气塘

为了强化塘面大气复氧作用,可在氧化塘上设置机械曝气或水力曝气器,使塘水进行不同程度的混合而保持好氧或兼气状态。曝气塘有机负荷和去除率都比较高,占地面积小,但运行费用高,且出水悬浮物深度较高,使用时可在后面连接兼性塘来改善最终出水水源。

（4）厌氧塘

厌氧塘的水深一般在 2.5m 以上,最深可达 4~5m。当塘中耗氧超过藻类和大气复氧时,会使全塘处于厌氧分解状态。因而,厌氧塘是一类高有机负荷的以厌氧分解为主的生物塘。其表面积较小而深度较大,水在塘中停留 20~50d。它能以高有机负荷处理高浓度废水,污泥量少,但净化速率慢、停留时间长,并产生臭气,出水不能达到排放要求,因而多作为好氧塘的预处理塘使用。

2. 生态系统培

生物稳定塘中,除了上述四种主要靠微生物起净化作用的塘型外,还有以放养高等大型水生植物为强化净水手段的水生植物塘和利用污水养鱼、蚌、螺、鸭、鹅的养殖塘。二者可统称为生态系统塘。

（1）水生植物塘

水生植物可分为挺水植物、漂浮植物、浮水植物和沉水植物四类。放养品种的选择取决于它们的适应和净化能力、是否易于收获处置以及利用价值等。一般认为,凤眼莲、绿萍等漂浮植物和水浮莲等浮水植物有很强的耐污能力,适应于前级多污带稳定塘放养;芦苇、水葱、菖蒲等挺水植物具有中等耐污能力,适于在水浅的前级氧化塘栽植;而蔺藻、金鱼藻等沉水植物则适于在寡污带的后级氧化塘和接纳二级处理水的塘中放养。

放养植物对污染物的净化,主要是通过两种途径完成的:一是吸收—贮存—富集—积累—沉淀;二是它们发达的根系上形成了大量的生物膜。植株通过根端高生物膜输氧,使微生物参与对污染物的净化。上述处理机制在水葫芦塘中表现最为典型,显示出很强的净化能力。

在接纳二级处理出水的稳定塘中,还可种植菱白、藕、慈姑等水生蔬菜或青绿饲料,作为水生种植塘予以利用。其水深按植物品种的需要确定,一般在 0.2~1.0m,停留时间 1~3d,BOD_5 负荷与好氧塘相同。

国内在此方面成功的实例比较多,如王国祥等关于"人工复合生态系统对太湖局部水域水质的作用"研究,高吉喜等关于"水生植物对面源污水净化效率研究"研究,彭清涛关于"植物在环境污染治理中的应用"以及周凤霞关于"水生维管束植物对污水的净化效应及其应用前景"的分析等。

（2）养殖塘

好氧塘和兼性塘中有水生动物所必需的溶解氧和由多条食物链提供的多种饵料,具备养殖鱼类、螺、蚌和鸭、鹅等家禽的良好条件。这种养殖塘以阳光为能源,对污染物进行同化、降解,并在食物链中迁移转化,最终转化为动物蛋白。国内若干大、中型养殖塘的运行结果表明,它比普通藻类共生塘有更好的净化效果,BOD_5 的去除率在 90% 以上,S 和 N、P 的去除率一般在 80%~90%,细菌去除率大于 98%,而鱼产量比清水养殖增产 0.3~0.45kg/m³。

养鱼塘的水深宜采用 2~2.5m。虽然水深增加不利于光合作用,但由于鱼群活动形成自然搅拌混合,藻类能轮流接受光照,从而能保证塘水中 3~5mg/L 的溶解氧浓度。

养殖塘的塘型设置,最好采用多塘串联。前一、二级使用废水 BOD 大幅度降低并培养藻类,水深应浅一些;第三、四级主要培养浮游动物,它们以前面好氧塘的藻类为食料,又作为后面养鱼塘鱼类的饵料;最后一级作为养鱼塘,水深应大一些。如湖南省原种猪场污水多级处理系统。

3. 土地渗滤系统

土地渗滤,是在人工调控下将废水投配于土地上,通过利用土壤—植物系统的天然净化能力和再生的土地处理法。处理方法有如下几种主要类型:

（1）地表漫流

地表漫流是以喷洒方式将废水投配在有植被的倾斜土地上,使其呈薄层沿地表流动,径流水由汇流槽收集。

其适宜于地表漫流的土壤是透水性差的黏土和亚黏土,处理场的土地应是有 2%~6% 的中等坡度、地面无明显凸凹的平面。通常应在地面上种草本植物,以便为生物群落提供栖息场所和防止水土流失。在废水顺坡流动的过程中,一部分渗入土壤,并有少量水蒸发,水中悬浮物被过滤截留,有机物则被生存于草根和表土中的微生物氧化分解。在不允许地表排放时,径流水可用于农田灌溉,或再经快速渗滤回注于地下水中。

废水在投配前需经必要的预处理,设施有格栅、初次沉淀池或停留时间为 Id 的曝气塘等;其次,地表漫流系统只能在植被生长期正常运行,这就需要筛选那些净化和抗污能力强、生长期长的植物品种,同时设有供停运期使用的废水贮存塘。地表漫流的水力负荷率依前处理程度而异,一般在 2~10cm/d,流距在 30cm 以上。

（2）快速渗滤

快速渗滤是为了适应城市污水的处理出水回注地下水的需要而发展起来的。处理场土壤应为渗透性强的粗粒结构的沙壤或砂土。废水以间歇方式投配于地面,在沿坡面流动的过程中,大部分通过土壤渗入地下,并在渗滤过程中得到净化。

吴永锋等关于"生活污水快速渗滤处理现场试验研究"表明,对生活污水进行快速渗滤处理,具有投资少、运行费用低、易于管理及处理效果好等优点。

（3）慢速渗滤

在慢速渗滤中,处理场通常种植作物。废水经布水后缓慢向下渗滤,借土壤微生物分解和作物吸收进行净化。

慢速渗滤适用于渗水性较好的沙质土和蒸发量小、气候湿润的地区。由于水力负荷率比快速渗滤小得多,废水中的水和养料可被作物充分吸收利用,污染地下水的可能也很小,因而被认为是土地处理中最适宜的方法。

上述 3 种土地渗滤系统的选择应因地制宜,主要依据是土壤性质、地形、作物种类、气候条件以及对废水的处理要求和处理水的出路等来选择。有时,需要建立由多个系统组成的复合系统,以提高处理水水质,使之符合回用或排放要求。

第五章 环境监测理论

环境监测技术（Technique of Environment Monitoring）是随着环境科学的形成和发展而产生的，在环境分析的基础上发展起来的，它是用现代科学技术方法测取、运用环境质量数据资料的科学活动，用科学的方法监视和检测反映环境质量及其变化趋势的各种数据的过程，用监测数据表征环境质量的变化趋势及污染的来龙去脉为目的，它是环境保护的基础工作。

环境监测的过程一般为：现场调查→监测计划设计→优化布点→样品采集→运送保存→分析测试→数据处理→综合评价等。

从信息技术角度看，环境监测是环境信息的捕获→传递→解析→综合的过程。只有在对监测信息进行解析、综合的基础上，对各种有关污染因素、环境因素在一定范围、时间、空间内进行测定，分析其综合测定数据，才能全面、客观、准确地揭示监测数据的内涵，对环境质量及其变化做出正确的评价。

环境监测的对象包括：反映环境质量变化的各种自然因素；对人类活动与环境影响的各种人为因素；对环境造成污染危害的各种成分。

第一节 环境监测的目的、内容与类型

一、环境监测的目的

环境监测的任务主要包括以下六项：

（1）确定污染物质的浓度、分布现状、发展趋势和速度，以明确污染物的污染途径和污染源，并判断污染物在时间和空间上的分布、迁移、转化和发展规律，

（2）确定污染源造成的污染影响，掌握污染物作用于大气、水体、土壤和生态系统的规律性，判断浓度最高和问题潜在最严重的区域位置，以寻找控制和防治的对策，评价防治措施的效果。

（3）为研究污染扩散模式，做出新污染源对环境污染影响的预期评价及环境污染的预测预报，提供数据资料。

（4）判断环境质量是否合乎国家制定的环境质量标准，定期提出环境质量报告。

（5）收集环境本底数据积累长期监测资料，为研究环境容量、实施总量控制和完善环境

管理体系提供基础数据，

（6）为保护人类健康、保护环境、合理使用资源、制定和修订各种环境法规与标准等提供依据。

二、环境监测的内容

人类生存在地球表面上。地球可划分为不同物理化学性质的圈层，即覆盖地球表面的大气圈、以海洋为主的水圈、构成地壳的岩石圈及它们共同构成生物生存与活动的生物圈等。人类生存与活动的环境监测就是以这个环境的局部为对象，监测影响环境的各种有害物质和因素。

物质从宏观上说是由元素组成的；从微观结构上说是由分子（多以共价键）、原子（以金属键）或离子（离子键）构成，依其组成和结构的不同，物质有两种形式：一种是无机物，一种是有机物。

无机物：有单质（包括金属、非金属等）和化合物（包括氧化物、络合物及酸、碱、盐等）。

有机物是碳氢化合物：包括煌类（链煌和环烧）和煌的衍生物（包括卤代烧、酚、醛、酮、酯、胺、酰胺硝基化合物等）。自然界无机物有 10 余万种；有机化合物有 600 余万种，所以对影响环境的各种有害物质和因素的监测必然是：无机（包括金属和非金属）污染物监测、有机（包括农药化肥）污染物监测及物理能量（噪声、振动、电磁、热、放射性）污染监测。我们可以依据不同污染物的特性，针对性地选用不同的监测分析技术和方法。对于无机污染物、金属、非金属适用离子、原子分析技术，对于化合物有机污染物适用分子分析、色质谱法等。

通常环境监测内容以其监测的介质（或环境要素）为对象分为：空气污染监测、水体污染监测、土壤污染监测、生物监测、生态监测、物理污染监测（包括噪声、振动污染监测，放射性污染监测，电磁辐射监测等）。

（1）空气污染监测：空气污染监测的主要任务之一是监测和检测空气中的污染物及其含量。目前已认识的空气污染物有 100 多种，这些污染物以分子和粒子状两种形式存在于空气中，分子状污染物的监测项目主要有 SO_2、NO_2、CO、O_3 总氧化剂、卤化氢以及碳氢化合物等。粒子状污染物的监测项目主要有 TSP、IP、PM2.5 自然降尘量及尘粒的化学组成如重金属和多环芳烃等。此外，酸雨的监测，局部地区还可根据具体情况增加某些特有的监测项目。

因为空气污染的浓度与气象条件有密切关系，因此在监测空气污染的同时还要测定风向、风速、气温、气压等气象参数。

（2）水体污染监测：水体污染监测包括水质监测与底质（泥）监测，就水质来说有未被污染或已受污染的天然水（包括江、河、湖、海和地下水）、各种各样的工业废水和生活污水等。主要监测项目大体可分为两类：一类是反映水质污染的综合指标，如温度、色度、浊度、闭、电导率、悬浮物、溶解氧（DO）、化学需氧量（COD）和生化需氧量（BOD）等。另一类是一些有毒物质,如酚、砷、铅、铬、镉、汞和有机农药、苯并芘等。除上述监测项目外,还要对水的流速和流量进行测定。

（3）土壤污染监测：土壤污染主要是由两方面因素引起的：一是工业废弃物,主要是废水和废渣；另一方面是使用化肥和农药所带来的有机物。其中工业废弃物是土壤污染的主要原因,土壤污染的主要监测任务是对土壤、作物、有害的重金属如铬、铅、镉、汞及残留的有机农药等进行监测。

（4）生物监测：与人类一样,地球上的生物也是以大气、水体、土壤以及其他生物为生存和生长的条件：无论是动物或植物,都是从大气、水体和土壤（植物还从阳光）中直接或间接地获取各自所需的营养。在它们获取营养的同时,某些有害的污染物也进入体内,其中有些毒物在某些生物体中还会被富集,从而使动植物生长和繁殖受到损害,甚至死亡。受害的生物、作物,用于人的生活,也会危害人体健康。因此,生物体内有害物的监测、生物群落种群的变化监测也是环境监测的对象之一。具体监测项目依据具体状况而定。

（5）生态监测：生态监测就是观测与评价生态系统对自然变化及人为变化所作出的反应,是对各类生态系统结构和功能的时空格局的度量。它包括生物监测和地球物理化学监测。生态监测是比生物监测更复杂、更综合的一种监测技术,是利用生命系统（无论哪一层次）为主进行环境监测的技术。

（6）物理污染监测：包括噪声、振动、电磁辐射、放射性等物理能量的环境污染监测。物理污染虽然不同于化学污染物质引起人体中毒,但超过其阈值会直接危害人的身心健康,尤其是放射性物质所放射的 α、β 和 γ 射线对人体损害更大,所以物理因素的污染监测也是环境监测的重要内容。

上述监测对象基本上都包括环境监测和污染源监测。这里所谓的环境,可以是一个企业、矿区、城市地区、流域等。在任何一个监测对象中,都包括许多项目,要适当地加以选择。因为环境监测是一项复杂而繁重的工作。在实际工作中,由于受人力、物力及技术水平和环境条件的限制,不能也不可能对所涉及的项目全部监测,,因此,要根据监测目的、污染物的性质和危害程度,对监测项目进行必要的筛选,从中挑选出对解决问题最关键和最迫切的项目。选择监测项目应遵循如下原则：

第一,对污染物的性质如自然性、化学活性、毒性、扩散性、持久性、生物可分解性和积累性等进行全面分析,从中选出影响面广、持续时间长、不易或不能被微生物所分解而且能够使动植物发生病变的物质作为日常例行的监测项目。对某些有特殊目的或特殊情况的监测工作,则要根据具体情况和需要选择监测的项目。

第二,必须采取可靠的方法与技术。

第三,监测结果所获得的数据,要有可比较的标准或能做出正确的解释和判断,如果监测结果无标准可比,又不了解所获得的监测结果对人体和动植物的影响,则会使监测陷入盲目性。

三、环境监测的类型

1. 监视性监测

监视性监测又叫常规监测或例行监测，是纵向指令性任务，是监测站第一位的工作，是监测工作的主体。其工作质量是环境监测水平的主要标志。监视性监测是对各环境要素的污染状况及污染物的变化趋势进行监测，评价控制措施的效果，判断环境标准实施的情况和改善环境取得的进展，积累质评监测数据，确定一定区域内环境污染状况及发展趋势。

（1）环境质量监测

①空气环境质量监测。通常在县级以上城区进行。任务是对所辖区空气环境中的主要污染物进行定期或连续的监测，积累空气环境质量的基础数据。据此定期编报空气环境质量状况的评价报告，研究空气质量的变化规律及发展趋势，为空气污染预测、预报提供依据。

②水环境质量监测。对所辖区的江河、湖泊、水库以及海域的水体（包括底泥、水生生物）进行定期定位的常年性监测，适时地对地表水（或海水）质量现状及其污染趋势做出评价，为水域环境管理提供可靠的数据和资料。

③环境噪声监测。对所辖城区的各功能区噪声、道路交通噪声、区域环境噪声进行经常性的定期监测，及时、准确地掌握城区噪声现状，分析其变化趋势和规律，为城镇噪声管理和治理提供系统的监测资料。

（2）污染源监督监测：污染源监督监测是为掌握污染源，监视和检测主要污染源在时间和空气的变化所采取的定期定点的常规性监督监测，包括主要生产、生活设施排放的各种废水的监测，生产工业废气、机动车辆尾气监测，各种锅炉、窑炉排放的烟气和粉尘的监测，噪声、热、电磁波、放射性污染的监督监测等。

污染源监督监测旨在掌握污染源排向环境的污染物种类、浓度、数量，分析和判断污染物在时间空间上散布、迁移、稀释、转化、自净规律，掌握污染物造成的影响和污染水平，制订污染控制和防治对策，为环境管理提供长期的、定期的技术支持和技术服务。

2. 特定目的性监测

特定目的性监测又叫应急监测或特例监测，是横向服务性任务，是监测站第二位的工作，是仅次于监视性监测的一项重要工作但它不是定期的定点监测，这类监测的内容和形式很多，除一般的地面固定监测外，还有流动监测、低空航测、卫星遥感监测等形式。但都是为完成某项特种任务而进行的应急性的监测，包括以下几方面：

（1）污染事故监测：对各种污染事故进行现场追踪监测，摸清其事故的污染程度和范围，造成的危害大小等。如油船石油溢出事故造成的海洋污染，核动力厂泄漏事故引起放射性对周围空间的污染危害。工业污染源各类突发性的污染事故等均属此类。

（2）纠纷仲裁监测：主要是解决执行环境法规过程中所发生的矛盾和纠纷而改期进行的监测，如排污收费、数据仲裁监测、调解污染事故发生纠纷时向司法部门提供的仲裁监测等。

（3）考核验证监测：主要是对环境管理制度和措施实施考核验证方面的各种监测。如排污许可、目标责任制、企业上等级的环保指标的考核，建设项目"三同时"竣工验收监测、治理项目竣工验收监测等。

（4）咨询服务监测：除了为环境管理、工程治理等做好应急性的服务监测工作外，还可为社会各部门、各单位提供科研、生产、技术咨询，环境评价、资源开发保护等所需要进行的监测。

3. 研究性监测

研究性监测又叫科研监测，属于高层次、高水平、技术比较复杂的一种监测。可依监测站自身能力承担而行。可以充分利用监测站的技术力量，提高自身的监测科研水平，增加效益。

（1）标准法研制监测：为研制监测环境标准物质（包括标准水样、标准气、土壤、尘、粉煤灰、植物等各种标准物质）制订和统一监测分析方法以及优化布点、采样的研究等，

（2）污染规律研究监测：主要是研究确定污染物从污染源到受体的运动过程。监测研究环境中需要注意的污染物质及它们对生物和其他物体的影响。

（3）背景调查监测：专项调查监测某环境的原始背景值，监测环境中污染物质的本底含量。如农药、放射性、重金属等本底调查监测及生态监测、全球环境变化遥感监测等。

（4）综合研究监测：参加某个环境工程、建设项目的开发预测影响的综合性研究．如温室效应、臭氧层破坏、酸雨规律研究等。

这类监测需要化学分析、物理测量和生物生理检验技术和已积累的监测数据资料，运用大气化学、大气物理、水化学、水文学、气象学、生物学、流行病学、毒性学、病理学、地质学、地理学、生态学、遥感学等多种学科知识进行分析研究、科学实验等。进行这类监测事先必须制定周密的研究计划，并联合多个部门、多个学科协作共同完成，

第二节　环境监测的发展、特点和监测技术概述

一、环境监测的发展

环境科学作为一门学科是在 20 世纪 50 年代开始发展起来的。最初危害较大的环境污染事件主要是由于化学毒物，因此，对环境样品进行化学分析以确定其组成、含量的环境分析就产生了。由于环境污染物通常处于痕足级（10^{-6}、10^{-9} 数量级）甚至更低，并且基体复杂，流动性、变异性大，又涉及空间分布及变化，所以对分析的灵敏度、准确度、分辨率和分析速度等提出了很高的要求。因此，环境分析实际上是分析化学的发展。这一阶段称之为污染

监测阶段或被动监测阶段。

到了 20 世纪 70 年代,随着科学的发展,人们逐渐认识到影响环境质量的因素不仅是化学因素,还有物理因素,例如噪声、光、热、电磁辐射、放射性等。所以用生物(动物、植物)的生态、群落、受害症状等的变化作为判断环境质量的标准更为确切可靠。此外,某一化学毒物的含量仅是影响环境质量的因素之一,环境中各种污染物之间、污染物与其他物质及其他因素之间还存在着相加和拮抗作用。所以环境分析只是环境监测的一部分。环境监测的手段除了化学的,还有物理的、生物的等等。同时,从点污染的监测发展到面污染以及区域性污染的监测,这一阶段称之为环境监测阶段,也称为主动监测或目的监测阶段。

监测手段和监测范围的扩大,虽然能够说明区域性的环境质量,但由于受采样手段、采样频率、采样数量、分析速度、数据处理速度等的限制,仍不能及时地监视环境质量变化,预测变化趋势,更不能根据监测结果发布采取应急措施的指令。20 世纪 80 年代初,发达国家相继建立了自动连续监测系统,并使用了遥感、遥测手段。监测仪器用电子计算机遥控,数据用有线或无线传输的方式送到监测中心控制室,经电子计算机处理,可自动打印成指定的表格,画成污染态势、浓度分布图。可以在极短时间内观察到空气、水体污染浓度变化,预测预报未来环境质量。当污染程度接近或超过环境标准时,可发布指令、通知并采取保护措施。这一阶段称之为污染防治监测阶段或自动监测阶段。

二、环境监测对象的特点

关于环境分析监测对象的特点可列举如下。

(一)体系复杂且项目繁多

实际环境体系大多是流动的非热力学平衡体系,样品中组分复杂而且可能随时发生变化。即使是样品中同一元素,也可能有多种不同的赋存形态(如物理结合形态、化学异构形态、化合态、价态),要逐一地测定样品中每一组分及每一形态,虽然不无可能,但却是一个既繁杂又艰巨的任务,实际上也是行不通的。针对这种情况,监测工作者可按下述原则选定监测项目:①本着主要与次要相分开、需要与可能相结合的原则来选定监测项目,对那些毒性大、数量多、环境影响恶劣的对象物作优先监测考虑。②以表征一组物质在环境中总数量水平的非专一性参数来代替该组物质的各单一性的监测项目,由此减少监测工作量。在进行非专一性参数测定时,特别需要严格控制实验条件,并使之标准化。

(二)被测对象微量低浓

由于实际环境体系非常宏大,很多人为污染物的排放又受到严格的规约控制,所以滞留在环境中的污染物通常是微量低浓的,试样中的量值经常为毫克、微克、纳克数量级,浓度数量级相应地为 10^{-6}、10^{-9} 甚至 10^{-12},这样就大大提高了监测工作的难度。所以对环境样品一般都需要作预处理,使其中对象组分经浓集后达到分析检出限以上的浓度或量值。

（三）被测对象的有害性

环境污染物,特别是那些化学性污染物大多是有害物质。对人、生物或其他有价值物质会产生即时的或潜在的危险。其主要表现有毒性、致癌、致畸、致突变性、可燃性、腐蚀性、爆炸性、耗氧性、氧化性、富营养作用及破坏生态平衡等,这就要求环境监测工作人员具有高度责任感,同时还要求技术本身具有高度准确性。否则,错误的监测结果会直接贻误环境保护和环境治理工作。对监测数据持"宁缺毋滥"的方针是专业监测人员公认的准则。

（四）被测对象的易变性

由于环境因素十分复杂,致使大多数化学污染物的环境行为变化多端。研究性监测工作要求掌握污染物在环境介质中的及时行为,这就为监测工作者提出了特殊的更高要求,在很多场合下需要运用自动化、在线等实时性监测技术。

三、环境监测的分析技术概述

污染物分析监测技术可按其使用的方法分为化学法、物理法、物理化学法和生物法。

化学法(主要是滴定分析法)是以化学反应为其工作原理的一类方法,适用于样品中常量组分的分析,选择性较差,在测定前常需要对样品进行预处理,方法简便,操作快捷,所需器具简单,分析费用较低。

物理法和物理化学分析法都是使用仪器进行监测的方法,前者如温度、电导率、噪声、放射性、气溶胶粒度等项目的测定,需要具备专用的仪器和装置。后者又通称仪器分析法,适用于定性和定量分析绝大多数化学物质。

物理化学分析法种类繁多,大体上可分为光学分析法、电化学分析法和色谱分析法 3 类。光学分析法是利用光源照射试样,在试样中发生光的吸收、反射、透过、折射、散射、衍射等效应,或在外来能量激发下使试样中被测物发光,最终以仪器检测器接收到的光的强度与试样中待测组分含量间存在对应的定量关系而进行分析。环境分析中常用的有分光光度法、原子吸收分光光度法、化学发光法、非分散红外法等。特别是紫外——可见分光光度法是环境分析中最广泛应用的方法,原子吸收分光光度法则是对环境样品中痕填金属分析最常用的方法。电化学分析法是仪器分析法中的另一个类别,是通过测定试样溶液电化学性质而对其中被测定组分进行定量分析的方法。这些电化学性质是在原电池或电解池内显示出来,包括电导、电位、电流、电量等。环境分析中常用的电化学分析法有电导分析法、离子选择性电极法、阳极溶出伏安法(该方法应用范围在近期有缩减的趋势)等。各种电化学分析法,大多可实施自动化分析,很多方法被国家标准所采纳而成为标准法。色谱分析法可用于分析多组分混合物试样,是利用混合物中各组分在两相中溶解 - 挥发、吸附 - 脱附或其他亲和作用性能的差异,当作为固定相和流动相的两相做相对运动时,使试样中各待测组分在两相中反复受上述作用而得以分离后进行分析,在环境分析中常用的有气相色谱法、高效液相色谱法(包括离子色谱法)、色谱 - 质谱联用法等。色谱分析法承担着对大多数有机污染物的分析任务，也是对环境试样中未知污染物作结构分析或形态分析的最强有力的工具。在各种色谱分析法还仅限于柱色谱，没有将简易分析法一类的纸层析和薄层层析等方法包括在内。此外，在图中还列示了这些方法的大致适用范围。

为了更好地解决环境监测中繁难的分析技术问题，近年来已越来越多地采用仪器联用的方法。例如气相色谱仪是目前最强有力的成分分析仪器，质谱仪是目前最强有力的结构分析仪器，将两者合在一起再配上电子计算机组成气相色谱 - 质谱 - 计算机联用仪（GC-MS-C0m），可用于解决环境监测中有关污染物，特别是有机污染物分析的大量疑难问题。

生物监测技术是利用植物和动物在污染环境中所产生的各种信息来判断环境质量的方法，这是一种最直接的方法，也是一种综合的方法。

生物监测包括生物体内污染物含量的测定：观察生物在环境中受伤害症状；生物的生理生化反应；生物群落结构和种类变化等。例如：利用某些对特定污染物敏感的植物或动物（指示生物）在环境中受伤害的症状．可以对空气或水的污染做出定性和定量的判断。

四、环境优先污染物和优先监测

目前，世界上已知的化学品有 700 万种之多，而进入环境的化学物质已达 10 万种。无论从人力、物力、财力或从化学毒物的危害程度和出现频率的实际情况来说，人们不可能对每一种化学品都进行监测，实行控制，而只能有重点、有针对性地对部分污染物进行监测和控制。这就必须确定一个筛选原则，对众多有毒污染物进行分级排队．从中筛选出潜在危害性大、在环境中出现频率高的污染物作为监测和控制对象。这一筛选过程就是数学上的优先过程，经过优先选择的污染物称为环境优先污染物，简称为优先污染物（priority pollutants）。

在初期，人们控制污染是对一些进入环境数量大（或浓度高）、毒性强的物质如重金属等进行控制，其毒性多以急性毒性反映，且数据容易获得。而有机污染物则由于种类多、含量低、分析水平有限，故以综合指标 COD、BOD、TOC 等来反映。但随着生产和科学技术的发展，人们逐渐认识到一批有毒污染物（其中绝大部分是有机物）可在极低的浓度下于生物体内累积，对人体健康和环境造成严重的甚至不可逆的影响。许多最有毒有机物对综合指标 BOD、COD、TOC 等贡献甚小，但对环境的危害甚大，此时，常用的综合指标已不能反映有机污染状况。这些就是需要优先控制的污染物，它们具有如下特点：难以降解，在环境中有一定残留水平，出现频率较高，具有生物积累性、三致物质、毒性较大。一些国家都相继提出了自己的优先污染物名单。（这里应该指出，迄今为止，尽管有毒化学物污染防治的国际活动十分频繁，但对有毒污染物控制名单在称谓上还不统一，每个国家都有各自的做法。）

美国是最早开展优先监测的国家，早在 20 世纪 70 年代中期，美国就在《清洁水法》中明确规定了 129 种优先污染物。它一方面要求排放优先污染物的厂家采用最佳可利用的处理技术，同时制定排放标准，控制点源污染；另一方面制定环境标准，对各水域（包括河水、湖水、地下水等)实施优先监测,并要求各州政府呈报优先污染物的污染现状,把它们编入环境质量报告书中。后来又相继提出了另外几个防治有毒化学物质污染的控制名单,如43种空气优先污染物名单等。值得注意的是,美国环境保护局(EPA)在1984年已把"有毒化学物污染与公众健康问题"列在美国几大环境问题之首。

日本政府是从有毒化学品入手控制有毒化学物污染的。1974年,根据"化学品审查与制造法规"的要求,日本环境厅组织了全国规模的化学品环境安全性综合调查。1986年底,环境厅公布了1974—1985年间对600种优先有毒化学品进行环境普查的结果。其中,检出率高的有毒污染物为189种。同年,还公布了在普查基础上对55种有毒污染物所做的重点调查结果,其中,有机氯化合物占的比例最大。值得注意的是,"有毒化学品污染及其防治对策"已作为日本环境白皮书主要一章来编报,而且高技术领域的有毒化学品污染问题在受到重视。

1975年苏联卫生部公布了水体中有害物质最大允许浓度,其中无机物73种,后又补充了30种,共103种;有机物378种,后又补充了118种,共496种。实施10年后,又补充了65种有机物,合计达664种之多。在1975年公布的工作环境空气和居民区大气中有害物质最大允许浓度,其中无机物及其混合物266种,有机物856种,合计达1122种之多。

欧洲经济共同体在1975年提出的"关于水质的排放标准"的技术报告,列出了所谓的"黑名单"和"灰名单"。

"中国环境优先监测研究"已经完成,并提出了"中国环境优先污染物黑名单",包括14种化学类别,共68种有毒化学物质,其中有机物58种,占85.29%,包括10种卤代(烷、烯)烃,6种苯系物,4种氯代苯,1种多氯联苯,7种酚类,6种硝基苯,4种苯胺,7种多环芳烃,3种邻苯二甲酸酯,8种农药,

五、持久性、生物可累积有毒污染物

持久性有机污染物(protracted organic pollutant substances, POP)在环境中不易降解,其产生的环境问题主要有以下三方面:

(1)持久性有机污染物具有毒性,难以降解,可产生生物蓄积以及往往通过空气、水和迁徙物种做跨越国际边界的迁移并沉积在远离其排放地点的地区,随后在那里的陆地生态系统和水域生态系统中蓄积。

(2)持久性有机污染物属环境激素,威胁着人类的繁衍和生存。

(3)持久性有机污染物的生物放大作用致使北极生态系统受到严重的威胁。

2001年5月签署的《关于持久性有机污染物的斯德哥尔摩公约》,标志着人类IE太启动了向有机污染物宣战的进程。根据该公约,各缔约国将通过法律,禁止或限制使用12种对人体健康和自然环境特别有害的持久性有机污染物。这12种污染物是:艾氏剂、氯丹、滴滴涕(DDT)、狄氏剂、异狄氏剂、七氯、灭蚁灵、毒杀芬等8种杀虫剂,以及多氯联苯、六氯

代苯、二噁英和呋喃,这些污染物能够沿食物链传播,在动物体内的脂肪聚集,它们还会引起过敏、先天缺陷、癌症,使免疫系统和生殖系统受损,这些污染物已经在土壤和水里存在了几十年,它们不仅难于进行生物降解,而且还具有很强的流动性,能够通过自然循环散布到世界各地。

在12种持久性有机污染物中,我国曾经工业化生产过 DDT、毒杀酚、六氯苯、氯丹、七氯和多氯联苯。其中 DDT 曾经作为主导农药,累计产量最大;其次是毒杀酚,用作农药;六氯苯、依丹和七氯也曾有少量生产,分别用于生产五氯酚、五氯酚钠杀灭白蚁及地下虫害。其中 DDT、氯丹和灭蚁灵三种农药目前在中国尚有少量生产和使用,DDT 用作中间体生产三氯杀螨醇,氯丹用于构筑物基础防腐,灭蚁灵用于杀灭白蚁;一些含多氯联苯的电气设备还在我国使用。

第三节 环境标准简述

环境标准是指为了保护人群健康、社会物质财富和维持生态平衡,对大气、水、土壤等环境质量,对污染源、检测方法以及其他需要所制定的标准。依据环境保护法,对不同环境介质中有害成分含量、排放源污染物及其排放量制定出的一系列针对性标准构成了环境标准体系,体现出环境标准的法律性、政策性特点。环境标准不是一成不变的,它与一定时期的技术经济水平以及环境污染与破坏的状况相适应,并随着技术经济的发展、环境保护要求的提高、环境监测技术的不断进步及仪器普及程度的提高而进行及时调整或更新。

环境标准通常几年修订一次。修订时,每一标准的标准号码是不变的,变化的只是标准的年号和内容。修订后的标准代替老标准,例如,《地表水环境质量标准》(GB 3838—2002)即是《地面水环境质量标准》(GB 3838—1983)的代替版本。

一、环境标准的分类和分级

我国现行的环境标准体系是从国情出发,总结多年来环境标准工作经验,并参考国际和国外的环境标准体系制定的,分为两级七个类型,如图 I-4 所示。具体分为国家环境标准、地方环境标准和国家环境保护总局标准,,国家环境标准包括国家环境质量标准、国家污染物排放标准、国家环境监测方法标准、国家环境标准样品标准和国家环境基础标准。地方环境标准包括地方环境质量标准和地方污染物排放标准。

(一)环境质量标准

环境质量标准是在保障人体健康、维护生态良性循环和保障社会物质财产的基础上,并考虑技术经济条件,对环境中有害物质或因素所做的限制性规定。

这类标准系指在一定的地理范围内或介质(水、大气、土壤)内等环境中规定的有害物质容许含量。它是衡量环境是否受到污染的尺度,也是有关部门进行环境管理、制定污染物排放标准的依据。环境质量标准主要包括:大气质量标准、水质质量标准、环境噪声及土壤标准、生态质量标准等。

水质质量标准按水体类型可分为:地表水水质标准、海水水质标准、地下水水质标准。按水源用途又可分为:生活饮用水水质标准、渔业用水水质标准、农业灌溉用水水质标准及工业用水水质标准等。

环境质量标准分为国家和地方标准,并有现行和超前标准。

由国家规定,按照环境要素和污染因素分成大气、水质、土壤、噪声、放射性等环境质量标准与污染因素控制标准,适用于全国范围。国家环境质量标准还包括中央各部门对一些特定地区,为特定目的、要求制定的环境质量标准。例如:《地表水环境质量标准》(CB 3838—2002)、《环境空气质量标准》(GB 3095—1996)、《城市区域环境噪声标准》(GB 3096—1993)以及《生活饮用水卫生标准》《工业企业设计卫生标准》《渔业水质卫生标准》等。

(二)污染物排放标准

污染物排放标准是根据环境质量要求,结合环境特点和社会技术经济条件,对污染源排入环境的有害物质和产生的各种因素所做的控制标准。这类标准是指国家根据技术上的可行性和经济上的合理性,规定污染源排放污染物的容许浓度或数量(可分别列出现行标准和超前标准)。它可以起到直接控制污染源的作用,是实现环境质量目标的重要控制手段。

1. 国家级环境保护标准

我国环境保护标准依据其性质和功能分为六类:环境质量标准、污染物排放标准、环境基础标准、环境方法标准、环境标准样品标准和环境保护的其他标准,它由政府部门制定,属于强制性标准,具有法律效力。

国家级环境保护标准的编号一般由标准级别代号、标准序号和标准发布的年份组成。如 GB3838—2002 地表水环境质量标准:

GB——表示标准级别代号;

3838—表示标准序号;

2002—表示标准发布的年份。

常见的标准级别代号有:GB——中华人民共和国强制性国家标准;GB/T—中华人民共和国推荐性国家标准;GB/Z——中华人民共和国国家标准化指导性技术文件;HJ——环境保护行业标准;HJ/T—环境保护行业推荐标准。

2. 地方级环境保护标准

由于当地的环境条件等因素,国家级环境保护标准不适用于当地环境特点和要求时,则需要制定地方控制污染源的标准。它可以起到补充、修订、完善国家标准的作用。

地方级环境保护标准的编号一般由标准级别代号、省级行政区划代码前两位、标准序号和标准发布的年份组成。如《北京市锅炉大气污染物排放标准》的编号为 DB11/139—2007:

DB——表示标准级别代号,"DB"表示强制性地方标准;

11—表示省级行政区划代码前两位,"11"指北京;

139——表示标准序号;

2007——表示标准发布的年份。

地方排放标准一般是针对重点城市、主要水系(河段)和特定地区制定的。"特定地区"是指国家规定的自然保护区、风景游览区、水源保护区、经济渔业区、环境容量小的人口稠密城市、工业城市、经济特区等。

(三)环境基础标准

这是在环境标准化工作范围内,对有指导意义的符号、代号、图式、装纲、导则等所做的统一规定,是制定其他环境标准的基础。如制定地方大气污染物排放标准的技术原则和方法(GB法201—1993);制定地方污水排放标准的技术原则和方法(GB/T3839—1983);环境保护标准的编制、出版、印刷标准等。

(四)环境方法标准

环境方法标准是以针对环境保护对象所规定的对其进行试验、分析、统计、计算、测定等方法为对象而制定的标准。如《城市区域环境噪声测偏方法》(GB/T 14623—1993);《地表水和污水监测技术规范》(HJ/T 91—2002);《pH 水质自动分析仪技术要求》(HJ/T 96—2003);《水质二噁英类的测定同位素稀释高分辨气相色谱—高分辨质谱法》(HJ 77.1—2008);《环境空气二氧化氮的测定 Saltzman 法》(CB/T 15435—1995)等。

(五)环境标准物质标准

这是对环境标准物质必须达到的要求所做的规定。环境标准物质是在环境保护工作中,用来标定仪器、验证测量方法、进行量值传递或质量控制的材料。

(六)环境保护其他标准

除以上标准之外,还有环保行业标准(HJ),它是对在环保工作中还需统一协调的如仪器设备、技术规范、管理办法等所做的统一规定。例如 HJ/ 2.4—1995《环境影响评价技术导则声环境》、HJ/ 19—1997《环境影响评价技术导则非污染生态影响》。

二、未列入标准的物质最高允许浓度的估算

化学物质约 700 万种之多,并不断从实验室合成新的化学物质。从生态学和保护人类健康来看,新的物质不应随意向环境排放,但要对所有物质制订在环境中(水体和空气等)的排放标准是不可能的。对于那些未列入标准但已证明有害,且在局部范围(例如工厂生产车间)排放浓度和量又比较大的物质,其最高允许浓度通常可由当地环保部门会同有关工矿企业按下列途径予以处理。

1. 参考国外标准

工业发达国家，由于环境污染而发生严重社会问题较早，因而研究和制订标准也早，并且一般来讲比较齐全，所以如能在已有的标准中查到，可作为参考。

2. 从公式估算

如果在其他国家标准中查不到，则可根据该物质毒理性质数据、物理常数和分子结构特性等，用公式进行估算。这类公式和研究资料很多，应该指出，同一物质用各种公式计算的结果可能相差很大，各公式均有限制条件，而且标准的制订与科学性、现实性等诸多因素有关，所以用公式计算的结果只能作为参考。

3. 直接做毒理试验再估算

当一种物质无任何资料可借鉴，或某种生产废水的残渣成分复杂，难以查清其结构和组成，但又必须知道其毒性大小和控制排放浓度，则可直接做毒性试验，求出半致死浓度（LC_{50}或半致死量（LD_{50}）等，再按有关公式估算。对于组成复杂而难以查明其组成的废水、废渣可选用一个综合指标（如 COD）作为考核指标。

第六章　水和废水监测

第一节　水质监测方案的制定

监测方案是一项监测任务的总体构思和设计,监测方案的制定需要考虑和明确这样一些内容:监测目的,监测对象,监测项目,设计监测断面的种类、位置和数量,合理安排采样时间和采样频率,选定采样方法和分析测定技术,确定水样的保存、运输和管理方法,提出监测报告要求,制定质量保证程序、措施和方案的实施计划等。

不同水体的监测方案稍有差别,以下分别进行介绍。

一、地表水监测方案的制定

1. 基础资料的调查和收集

在制定监测方案之前,应尽可能收集完备待监测水体及所在区域的有关资料,主要有以下几方面。

(1)水体的水文、气候、地质和地貌资料:如水位、水量、流速及流向的变化;降雨量、蒸发量及历史上的水情;河流的宽度、深度、河床结构及地质状况;湖泊沉积物的特性、间温层分布、等深线等。

(2)水体沿岸城市分布、工业布局、污染源及其排污情况、城市给排水情况等。

(3)水体沿岸的资源现状和水资源的用途;饮用水源分布和重点水源保护区;水体流域土地功能及近期使用计划等。

(4)所有的水质监测资料等。

2. 监测断面和采样点的设置

监测断面即为采样断面,一般分为四种类型,即背景断面、对照断面、控制断面和消减断面对于地表水的监测来说,并非所有的水体都必须设置四种断面。国家标准《采样方案设计技术规定》(GB12997-91)中规定了水(包括底部沉积物和污泥)的质量控制、质量表征、污染物鉴别及采样方案的原则,强调了采样方案的设计。

采样点的设置应在调查研究、收集有关资料、进行理论计算的基础上,根据监测目的和项目以及考虑人力、物力等因素来确定。

(1)河流监测断面和采样点设置。对于江、河水系或某一个河段,水系的两岸必定遍布很多城市和工厂企业，由此排放的城市生活污水和工业污水成为该水系受纳污染物的主要来源，因此要求设置四种断面，即背景断面、对照断面、控制断面和消减断面。

①对照断面。具有判断水体污染程度的参比和对照作用或提供本底值的断面。它是为了解流入监测河段前的水体水质状况而设置的。这种断面应设在河流进入城市或工业区之前的地方。设置这种断面必须避开各种污水的排污口或回流处。常设在所有污染源上游处，排污口上游 100~500m 处，一般一个河段只设一个对照断面(有主要支流时可酌情增加)。

②控制断面。为及时掌握受污染水体的现状和变化动态，进而进行污染控制而设置的断面。这类断面应设在排污区下游，较大支流汇入前的河口处；湖泊或水库的出入河口及重要河流入海口处；国际河流出入国境交界处及有特殊要求的其他河段(如邻近城市饮水水源地、水产资源丰富区、自然保护区、与水源有关的地方病发病区等)。控制断面一般设在排污口下游 500~1000m 处。断面数目应根据城市工业布局和排污口分布情况而定。

③消减断面。当工业污水或生活污水在水体内流经一定距离，实现(河段范围)最大程度混合时，其污染状况明显减缓的断面。这种断面常设在城市或工业区最后一个排污口下游 1500m 以外的河段上。

④背景断面，当对一个完整水体进行污染监测或评价时，需要设置背景断面。对于一条河流的局部河段来说，通常只设对照断面而不设背景断面。背景断面一般设置在河流上游不受污染的河段处或接近河流源头处，尽可能远离工业区、城市居民密集区和主要交通线以及农药和化肥施用区。通过对背景断面的水质监测，可获得该河流水质的背景值。

在设置监测断面后，应先根据水面宽度确定断面上的采样垂线，然后再根据采样垂线的深度确定采样点数目和位置。一般是当河面水宽小于 50m 时，设一条中泓垂线；当河面水宽为 50~100m 时，在左右近岸有明显水流处各设一条垂线；当河面水宽为 100~1000m 时，设左、中、右三条垂线；河面水宽大于 1500m 时，至少设 5 条等距离垂线。每一条垂线上，当水深小于或等于 5m 时掌只在水面下 0.3~0.5m 处设一个采样点；水深 5~10m 时，在水面下 0.3~0.5m 处和河底以上约 0.5m 处各设 1 个采样点；水深 10~50m 时，要设三个采样点，水面下 0.3~0.5m 处一点，河底以上约 0.5m 处一点，1/2 水深处一点；水深超过 50m 时，应酌情增加采样点个数。

监测断面和采样点位置确定后，应立即设立标志物 C 每次采样时以标志物为准，在同一位置上采样，以保证样品的代表性。

(2)湖泊、水库中监测断面和采样点的设置。湖泊、水库监测断面设置前，应先判断湖泊、水库是单一水体还是复杂水体，考虑汇入湖、库的河流数量、水体径流量、季节变化及动态变化、沿岸污染源分布等，然后按以下原则设置监测断面。

①在进出湖、库的河流汇合处设监测断面。

②以功能区为中心(如城市和工厂的排污口、饮用水源、风景游览区、排灌站等)，在其辐射线上设置弧形监测断面。

③在湖库中心，深、浅水区，滞流区，不同鱼类的洄游产卵区，水生生物经济区等设置监

测断面。

湖、库采样点的位置与河流相同。但由于湖、库深度不同，会形成不同水温层，此时应先测量不同深度的水温、溶解氧等，确定水层情况后，再确定垂线上采样点的位置。位置确定后，同样需要设立标志物，以保证每次采样在同一位置。

3. 采样时间和频率的确定

为使采取的水样具有代表性，能反映水质在时间和空间上的变化规律，必须确定合理的采样时间和采样频率。一般原则如下。

（1）对较大水系干流和中、小河流，全年采样不少于 6 次，采样时间分为丰水期、枯水期和平水期，每期采样两次；

（2）流经城市、工矿企业、旅游区等的水源每年采样不少于 12 次；

（3）底泥在枯水期采样一次；

（4）背景断面每年采样一次。

二、地下水监测方案的制定

地球表面的淡水大部分是贮存在地面之下的地下水，所以地下水是极宝贵的淡水资源。地下水的主要水源是大气降水，降水转成径流后，其中一部分通过土壤和岩石的间隙而渗入地下形成地下水。严格地说，由重力形成的存在于地表之下饱和层的水体才是地下水。目前大多数地下水尚未受到严重污染，但一旦受污，又非常难以通过自然过程或人为手段予以消除。可供现成利用的地下水有井水、泉水等。

1. 基础资料的调查和收集

（1）收集、汇总监测区域的水文、地质、气象等方面的有关资料和以往的监测资料。例如，地质图、剖面图、测绘图、水井的成套参数、含水层、地下水补给、径流和流向，以及温度、湿度、降水量等。

（2）调查监测区域内城市发展、工业分布、资源开发和土地利用情况，尤其是地下工程规模、应用等；了解化肥和农药的施用面积和施用量；查清污水灌溉、排污、纳污和地表水污染现状。

（3）测量或查知水位、水深，以确定采水器和泵的类型、所需费用和采样程序。

（4）在完成以上调查的基础上，确定主要污染源和污染物，并根据地区特点与地下水的主要类型把地下水分成若干个水文地质单元。

2. 采样点的设置

（1）地下水背景值采样点的确定。采样点应设在污染区外，如需查明污染状况，可贯穿含水层的整个饱和层，在垂直于地下水流方向的上方设置。

（2）受污染地下水采样点的确定。对于作为应用水源的地下水，现有水井常被用作日常监测水质的现成采样点。当地下水受到污染需要研究其受污情况时，则常需设置新的采样点。例如在与河道相邻近地区新建了一个占地面积不太大的垃圾堆场的情况下，为了监测垃圾中污染物随径流渗入地下，并被地下水挟带转入河流的状况，应设置地下水监测井。如果含水层渗透性较大，污染物会在此水区形成一个条状的污染带，那么监测井位置应处在污染带内。

一般地下水采样时应在液面下 0.3~0.5m 处采样，若有间温层，可按具体情况分层采样。

3. 采样时间和频率的确定

采样时间与频率一般是：每年应在丰水期和枯水期分别采样检验一次，10 天后再采检一次可作为监测数据汇报。

三、水污染源监测方案的制定

水污染源包括工业废水源、生活污水源、医院污水源等。在制定监测方案时，首先也要进行调查研究，收集有关资料，查清用水情况、污水的类型、主要污染物及排污去向和排放量等。

1. 基础资料的调查和收集

（1）调查污水的类型。工业废水、生活污水、医院污水的性质和组成十分复杂，它们是造成水体污染的主要原因。根据监测的任务，首先需要了解污染源所产生的污水类型。工业废水、生活污水、医院污水等所生成的污染物具有较大的差别。相对而言，工业污水往往是我们监测的重点，这是由于工业用水不仅在数量上而且在污染物的浓度上都是比较大的。

工业废水可分为物理污染污水、化学污染污水、生物及生物化学污染污水三种主要类型以及混合污染污水。

（2）调查污水的排放量。对于工业废水，可通过对生产工艺的调查，计算出排放水量并确定需要监测的项目；对于生活污水和医院污水则可在排水口安装流量计或自动监测装置进行排放量的计算和统计。

（3）调查污水的排污去向。调查内容有：①车间、工厂、医院或地区的排污口数量和位置；②直接排入还是通过渠道排入江、河、湖、库、海中，是否有排放渗坑。

2. 采样点的设置

（1）工业废水源采样点的确定

①含汞、镉、总铬、砷、铅、苯芘花等第一类污染物的污水，不分行业或排放方式，一律在车间或车间处理设施的排出口设置采样点；

②含酸、碱、悬浮物、生化需氧量、硫化物、氟化物等第二类污染物的污水，应在排污单位的污水出口处设采样点；

③有处理设施的工厂，应在处理设施的排放口设点。为对比处理效果，在处理设施的进水口也可设采样点，同时采样分析；

④在排污渠道上，选择道直、水流稳定、上游无污水流入的地点设点采样；

⑤在排水管道或渠道中流动的污水,因为管道壁的滞留作用,使同一断面的不同部位流速和浓度都有变化,所以可在水面下 1/4~1/2 处采样,作为代表平均浓度水样采集。

(2)综合排污口和排污渠道采样点的确定

①在一个城市的主要排污口或总排污口设点采样;

②在污水处理厂的污水进口处设点采样;

③在污水泵站的进水和安全溢流口处布点采样;

④在市政排污管线的入水处布点采样。

3. 采样时间和频率的确定

工业废水的污染物含量和排放量常随工艺条件及开工率的不同而有很大差异,故采样时间、周期和频率的选择是一个比较复杂的问题。

一般情况下,可在一个生产周期内每隔 0.5h 或 1h 采样 1 次,将其混合后,测定污染物的平均值。如果取几个生产周期(如 3~5 个周期)的污水样监测,可每隔 2h 取样 1 次。对于排污情况复杂、浓度变化大的污水,采样时间间隔要缩短,有时需要 5~10min 采样 1 次,这种情况最好使用连续自动采样装置。对于水质和水量变化比较稳定或排放规律性较好的污水,待找出污染物浓度在生产周期内的变化规律后,采样频率可大大降低,如每月采样测定两次。

城市排污管道大多数受纳 10 个以上工厂排放的污水,由于在管道内污水已进行了混合,故在管道出水口,可每隔 1h 采样 1 次,连续采集 8h;也可连续采集 24h,然后将其混合制成混合样,测定各污染组分的平均浓度。

我国《地表水和污水监测技术规范》中对向国家直接报送数据的污水排放源规定:工业废水每年采样监测 2~4 次;生活污水每年采样监测 2 次,春、夏季各 1 次;医院污水每年采样监测 4 次,每季度 1 次。

第二节　水样的采集、保存和预处理

采集具有代表性的水样是水质监测的关键环节。分析结果的准确性首先依赖于样品的采集和保存。为了得到具有真实代表性的水样,需要选择合理的采样位置、正确的采样时间和科学的采样技术。

一、水样的采集

采样前,要根据监测项目、监测内容和采样方法的具体要求,选择适宜的盛水容器和采样器,并清洗干净。采样器具的材质化学性质要稳定,大小形状适宜、不吸附待测组分、容易清洗、瓶口易密封。同时要确定总采样量(分析用量和备份用量),并准备好交通工具。

1. 采样设备

采集表层水样，可用桶、瓶等容器直接采集。目前我国已经生产不同类型的水质监测采样器，如单层采水器、直立式采水器、深层采水器、连续自动定时采水器等，广泛用于废水和污水采样。

常用的简易采水器，是一个装在金属框内用绳吊起的玻璃瓶或塑料瓶，框底装有重锤，瓶口有塞，用绳系牢，绳上标有高度。采样时，将采样瓶降至预定深度，将细绳上提打开瓶塞，水样流入并充满采样瓶，然后用塞子塞住。

急流采水器适合采集地段流量大、水层深的水样。它是将一根长钢管固定在铁框上，钢管是空心的，管内装橡皮管，管上部的橡皮管用铁夹夹紧，下部的橡皮管与瓶塞上的短玻璃管相接，橡皮塞上另有一长玻璃管直通至样瓶底部口采集水样前，需将采样瓶的橡皮塞子塞紧，然后沿船身垂直方向伸入特定水深处，打开铁夹，水样即沿长玻璃管流入样瓶中。此种采水器是隔绝空气采样，可供溶解氧测定。

此外还有各种深层采水器和自动采水器。

沉积物采样分表层沉积物采样和柱状沉积物采样。表层沉积物采样是用各种掘式和抓式采样器，用手动绞车或电动绞车进行采样；柱状沉积物采样是采用各种管状或筒状的采样器，利用自身重力或通过人工锤击，将管子压入沉积物中直至所需深度，然后将管子提取上来，用通条将管中的柱状沉积物样品压出。

2. 盛样容器

采集和盛装水样或底质样品的容器要求材质化学稳定性好，保证水样各组分在贮存期内不与容器发生反应，能够抵御环境温度从高温到严寒的变化，抗震，大小、形状和重量适宜，能严密封口并容易打开，容易清洗并可反复使用。常用材料有高压聚乙烯塑料（以 P 表示）、一般玻璃（G）和硬质玻璃或硼硅玻璃（BG）。不同监测项目水样容器应采用适当的材料。

水质监测，尤其是进行痕量组分测定时，常常因容器污染造成误差。为减少器壁溶出物对水样的污染和器壁吸附现象，须注意容器的洗涤方法。应先用水和洗涤剂洗净，用自来水冲洗后备用。常用洗涤法是用重钠酸钾 - 硫酸洗液浸泡，然后用自来水冲洗和蒸馏水荡洗；用于盛装重金属监测样品的容器，需用 10% 硝酸或盐酸浸泡数小时，再用自来水冲洗，最后用蒸馏水洗净。容器的洗涤还与监测对象有关，洗涤容器时要考虑到监测对象 C 如测硫酸盐和倍时，容器不能用重铬酸钾 - 硫酸洗液；测磷酸盐时不能用含磷洗涤剂；测汞时容器洗净后尚需用 1+3 硝酸浸泡数小时。

3. 采样方法

（1）在河流、湖泊、水库及海洋采样应有专用监测船或采样船，如无条件也可用手划或机动的小船。如果位置合适，可在桥采样。较浅的河流和近岸水浅的采样点可以涉水采样。采样容器口应迎着水流方向，采样后立即加盖塞紧，避免接触空气，并避光保存。深层水的采集，可用抽吸泵采样，利用船等行驶至特定采样点，将采水管沉降至规定的深度，用泵抽取水样即可。采集底层水样时，切勿搅动沉积层。

（2）采集自来水或从机井采样时，应先放水数分钟，使积留在水管中的杂质及陈旧水排除后再取样。采样器和塞子须用采集水样洗涤 3 次。对于自喷泉水，在涌水口处直接采样。

（3）从浅埋排水管、沟道中采集废（污）水，用采样容器直接采集。对埋层较深的排水管、沟道，可用深层采水器或固定在负重架内的采样容器，沉入检测井内采样。

（4）采用自动采水器可自动采集瞬时水样和混合水样。当废（污）水排放量和水质较稳定时，可采集瞬时水样；当排放量较稳定，水质不稳定时，可采集时间等比例水样；当二者都不稳定时，必须采集流量等比例水样。

4. 水样采集量和现场记录

水样采集量根据监测项目确定，不同的监测项目对水样的用量和保存条件有不同的要求，所以采样量必须按照各个监测项目的实际情况分别计算，再适当增加 20%~30%。底质采样量通常为 1~2kg。

采样完成并加好保存剂后，要贴上样品标签或在水样说明书上做好详细记录，记录内容包括采样现场描述与现场测定项目两部分。采样现场描述的内容包括：样品名称、编号、采样断面、采样点、添加保存剂种类和数量、监测项目、采样者、登记者、采样日期和时间、气象参数（气温、气压、风向、风速、相对湿度）、流速、流量等。水样采集后，对有条件进行现场监测的项目进行现场监测和描述，如水温、色度、臭味、电导率、溶解氧、透明度、氧化还原电位等，以防变化。

二、流量的测量

为了计算水体污染负荷是否超过环境容量、控制污染源排放量和评价污染控制效果等，需要了解相应水体的流量。因此在采集水样的同时，还需要测量水体的水位（m）、流速（m/s）、流量（m³/s）等水文参数。河流流量测量和工业废水、污水排放过程中的流量测量方法基本相同，主要有流速仪法、浮标法、容积法、溢流堰法等。对于较大的河流，水利部门通常都设有水文测量断面，应尽可能利用这些断面。若监测河段无水文测量断面，应选择水文参数比较稳定、流量有代表性的断面作为测量断面。

1. 流速仪法

使用流速仪可以测量河流或废（污）水的流量。流速仪法通过测量河流或排污渠道的过水截面积，以流速仪测量水流速，从而计算水流量。流速仪法测量范围较宽，多数用于较宽的河流或渠道的流量测量。测量时需要根据河流或渠道深度和宽度确定垂直测点数和水平测点数。流速仪有多种规格，常用的有旋杯式和旋桨式两种，测量时将仪器放到规定的水深处，按照仪器说明书要求操作。

2. 浮标法

浮标法是一种粗略测量小型河、渠中水流速的简易方法。测量时选取一平直河段，测量该河段 2m 间距内起点、中点和终点 3 个过水横断面面积，求出其平均横断面面积可以在上游河段投入浮标(如木棒、泡沫塑料、小烟料瓶等),测量浮标流经确定河段(L)所需要的时间,重复测量多次,求出所需时间的平均值(t),即可计算出流速(L/t),进而可按下式计算流量:

Q=K×v×S

式中:Q——水流量,m³/s;

v——浮标平均流速,m/s,等于 L/t;

S——过水横断面面积,m²;

K——浮标系数,与空气阻力、断面上流速分布的均匀性有关,一般需用流速仪对照标定,其范围为 0.84~0.90。

3. 容积法

容积法是将污水接入已知容量的容器中,测定其充满容器所需时间,从而计算污水流量的方法。本法简单易行,测量精度较高,适用于污水量较小的连续或间歇排放的污水。但溢流口与受纳水体应有适当落差或用导水管形成落差。

4. 溢流堰法

溢流堰法适用于不规则的污水沟、污水渠中水流量的测量。该法是用三角形或矩形、梯形堰板拦住水流,形成溢流堰,测量堰板前后水头和水位来计算流量。图 6-1 为用三角堰法测量流量的示意图,流量计算公式如下:

$Q=Kh^{5/2}$

$K=1.354+0.04/h+(0.14+0.2/\sqrt{D})(h/B-0.09)^2$

式中:Q——水流量,m³/s;

h——过堰水头高度,m;

K——流量系数;

D——从水流底至堰缘的高度,m;

B——堰上游水流高度,m。

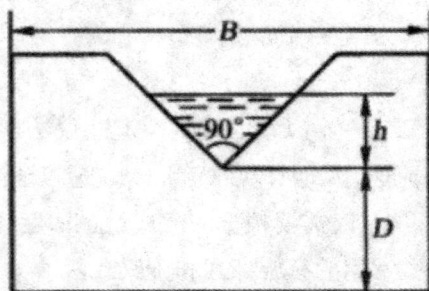

图 6-1 直角三角堰

在下述条件下,上式误差< ±1.4%。

0.5m≤B≤1.2m

0.1m≤D≤0.75m

0.07m≤h≤0.26m

h≤B/3

三、水样的运输与保存

1. 样品的运输

水样采集后,应尽快送到实验室分析测定。通常情况下,水样运输时间不超过 24h。在运输过程中应注意:装箱前应将水样容器内外盖盖紧,耐盛水样的玻璃磨口瓶应用聚乙烯薄膜覆盖瓶口,并用细绳将瓶塞与瓶颈系紧;装箱时用泡沫塑料或波纹纸板垫底和间隔防震;需冷藏的样品,应采取制冷保存措施;冬季应采取保温措施,以免冻裂样品瓶。

2. 样品的保存

水样在存放过程中,可能会发生一系列理化性质的变化。由于生物的代谢活动,会使水样的 pH、溶解氧、生化需氧量、二氧化碳、碱度、硬度、磷酸盐、硫酸盐、硝酸盐和某些有机化合物的浓度发生变化;由于化学作用,测定组分可能被氧化或还原。如六价铬在酸性条件下易被还原为三价铬,余氯可能被还原变为氯化物,硫化物、亚硫酸盐、亚铁、碘化物和硫化物可能因氧化而损失;由于物理作用,测定组分会被吸附在容器壁上或悬浮颗粒物的表面上,如金属离子可能与玻璃器壁发生吸附和离子交换,溶解的气体可能损失或增加,某些有机化合物易挥发损失等。为了避免或减少水样的组分在存放过程中的变化和损失,部分项目要在现场测定。不能尽快分析时,应根据不同监测项目的要求,放在性能稳定的材料制成的容器中,采取适宜的保存措施。

为了减缓水样在存放过程中的生物作用、化合物的水解和氧化还原作用及挥发、吸附作用,需要对水样采取适宜的保存措施。包括:①选择适当材料的容器;②控制溶液的 pH;③加入化学试剂抑制氧化还原反应和生化反应;④冷藏或冷冻以降低细菌活性和化学反应速率。表 2-1 列出:我国现行的水样保存方法和保存期,使用时应结合具体工作验证其适用性,引自《水质采样样品的保存和管理技术规定》(HJ 493—2009)。

四、水样的预处理

环境水样所含组分复杂,多数待测组分的浓度低,存在状态形态各异,且样品中存在大量干扰物质,因此在分析测定之前,需要进行样品的预处理,以得到待测组分适合于分析方法要求的形态和浓度,并与干扰性物质最大限度地分离。水样的预处理主要指水样的消解、微量组分的富集与分离。

1. 水样的消解

当对含有机物的水样中的无机元素进行测定时,需要对水样进行消解处理。消解处理的目的是破坏有机物、溶解颗粒物,并将各种价态的待测元素氧化成单一高价态或转变成易于分离的无机化合物。消解主要有湿式消解法和干灰化法两种。消解后的水样应清澈、透明、无沉淀。

（1）湿式消解法

①硝酸消解法。对于较清洁的水样，可用此法。具体方法是：取混匀的水样 50~200mL 于锥形瓶中，加入 5~10mL 浓硝酸，在电热板上加热煮沸，缓慢蒸发至小体积，试液应清澈透明，呈浅色或无色，否则，应补加少许硝酸继续消解。蒸至近干时，取下锥形瓶，稍冷却后加 2%HNO$_3$（或 HCl）20mL，温热溶解可溶盐。若有沉淀，应过滤，滤液冷却至室温后于 50mL 容量瓶中定容，备用。

②硝酸 - 硫酸消解法。这两种酸都是强氧化性酸，其中硝酸沸点低（83℃），而浓硫酸沸点高（338℃），两者联合使用，可大大增加消解温度和消解效果，应用广泛。常用的硝酸与硫酸的比例为 5∶2。消解时，先将硝酸加入水样中，加热蒸发至小体积，稍冷，再加入硫酸、硝酸，继续加热蒸发至冒大量白烟，冷却后加适量水温热溶解可溶盐。若有沉淀，应过滤，滤液冷却至室温后定容，备用。为提高消解效果，常加入少量过氧化氢。该法不适用于含易生成难溶硫酸盐组分（如铅、钡、锶等元素）的水样。

③硝酸 - 高氯酸消解法。这两种酸都是强氧化性酸，联合使用可消解含氯氧化有机物的水样。方法要点是：取适量水样于锥形瓶中，加 5~10mL 硝酸，在电热板上加热、消解至大部分有机物被分解。取下锥形瓶，稍冷却，再加 2~5mL 高氯酸，继续加热至开始冒白烟，如试液呈深色再补加硝酸，继续加热至冒浓厚白烟将尽，取下锥形瓶，冷却后加 2%HNO$_3$ 溶解可溶盐。若有沉淀，应过滤，滤液冷却至室温后定容备用。因为高氯酸能与羟基化合物反应生成不稳定的高氯酸酯，有发生爆炸的危险，所以应先加入硝酸氧化水样中的羟基有机物，稍冷后再加高氯酸处理。

④硫酸 - 磷酸消解法。两种酸的沸点都比较高，其中，硫酸依化性较强，磷酸能与一些金属离子如 Fe^{3+} 等络合，两者结合消解水样，有利于测定时消除 Fe^{3+} 等离子的干扰。

⑤硫酸 - 高磷酸钾消解法。该方法常用于消解测定汞的水样。高磷酸钾是强氧化剂，在中性、碱性、酸性条件下都可以氧化有机物，其氧化产物多为草酸根，但在酸性介质中还可继续氧化。消解要点是：取适量水样，加适量硫酸和 5% 高磷酸钾溶液，混匀后加热煮沸，冷却，滴加盐酸羟胺破坏过量的高磷酸钾。

⑥多元消解法。为提高消解效果，在某些情况下需要通过多种酸的配合使用，特别是在要求测定大量元素的复杂介质体系中。例如处理测定废水时，需要使用硫酸、磷酸和高锰酸钾消解体系。

⑦碱分解法当酸消解法。造成某些元素挥发或损失时，可采用碱分解法。即在水样中加入氢氧化钠和过氧化氢溶液，或者氨水和过氧化氢溶液，加热沸腾至近干，稍冷却后加入水或稀碱溶液温热溶解可溶盐。

⑧微波消解法。此方法主要是利用微波加热的工作原理，对水样进行激烈搅拌、充分混合和加热，能够有效提高分解速度，缩短消解时间，提高消解效率，同时，避免了待测元素的

损失和可能造成的污染。

（2）干灰化法

干灰化法又称高温分解法。具体方法是：取适量水样于白瓷或石英蒸发皿中，于水浴上先蒸干，固体样品可用蒸发皿或用蜗移入马福炉内，于 450~550℃灼烧至残渣呈灰白色，使有机物完全分解去除。取出蒸发皿，稍冷却后，用适量 2%HNO$_3$（或 HCI）溶解样品灰分，过滤后滤液经定容后供分析测定。本方法不适用于处理测定易挥发组分（如砷、汞、镉、硒、锡等）的水样。

2. 水样的富集与分离

水质监测中，待测物的含量往往极低，大多处于痕量水平，常低于分析方法的检出下限，并有大量共存物质存在，干扰因素多，所以在测定前须进行水样中待测组分的分离与富集，以排除分析过程中的干扰，提高测定的准确性和重现性。富集和分离过程往往是同时进行的，常用的方法有过滤、挥发、蒸发、蒸馏、溶剂萃取、沉淀、吸附、离子交换、冷冻浓缩、层析等，比较先进的技术有固相萃取、微波萃取、超临界流体萃取等，应根据具体情况选择。

（1）挥发、蒸发和蒸馏

挥发、蒸发和蒸馏主要是利用共存组分的挥发性不同（沸点的差异）进行分离。

①挥发。此方法是利用某些污染组分挥发度大，或者将待测组分转变成易挥发物质，然后用惰性气体带出而实现分离的目的。例如，汞是唯一在常温下具有显著蒸气压的金属元素，用冷原子荧光法测定水样中的汞时，先将汞离子用氯化亚锡还原为原子态汞，通入惰性气体将其带出并送入仪器测定。

②蒸发。蒸发一般是利用水的挥发性，将水样在水浴、油浴或沙浴上加热，使水分缓慢蒸出，而待测组分得以浓缩。该法简单易行，无须化学处理，但存在缓慢、易吸附损失的缺点。

③蒸馏。蒸馏分离是利用各组分的沸点及其蒸气压大小的不同实现分离的方法，分为常压蒸馏、减压蒸馏、水蒸气蒸播、分馏法等。加热时，较易挥发的组分富集在蒸气相，通过对蒸气相进行冷凝或吸收，使挥发性组分在馈出液或吸收液中得到富集。

（2）液 - 液萃取法

液 - 液萃取也叫溶剂萃取，是基于物质在互不相溶的两种溶剂中分配系数不同，从而达到组分的富集与分离。具体分为以下两类。

①有机物的萃取。分散在水相中的有机物易被有机溶剂萃取，利用此原理可以富集分散在水样中的有机污染物。常用的有机溶剂有三氯甲烷、四氯甲烷、正己烷等。

②无机物的萃取。多数无机物质在水相中均以水合离子状态存在，无法用有机溶剂直接萃取。为实现用有机溶剂萃取，通过加入一种试剂，使其与水相中的离子态组分相结合，生成一种不带电、易溶于有机溶剂的物质。根据生成可萃取物类型的不同，可分为聚合物萃取体系、离子缔合物萃取体系、三元络合物萃取体系和协同萃取体系等。在环境监测中常用的是螯合物萃取体系，利用金属离子与螯合剂形成疏水性的螯合物后被萃取到有机相，主要应用于金属阳离子的萃取。

（3）沉淀分离法

沉淀分离法是基于溶度积原理,利用沉淀反应进行分离。在待分离试液中,加入适当的沉淀剂,在一定条件下,使预测组分沉淀出来,或者将干扰组分析出沉淀,以达到组分分离的目的。

（4）吸附法

吸附法是利用多孔性的固体吸附剂将水中的一种或多种组分吸附于表面,以达到组分分离的目的。常用的吸附剂主要有活性炭、硅胶、氧化铝、分子筛、大孔树脂等。被吸附富集于吸附剂表面的组分可用有机溶剂或加热等方式解析出来,进行分析测定。

（5）离子交换法

离子交换法是利用离子交换剂与溶液中的离子发生交换反应进行分离的方法。离子交换剂分为无机离子交换剂和有机离子交换剂。目前广泛应用的是有机离子交换剂,即离子23 交换树脂。通过树脂与试液中的离子发生交换反应,再用适当的淋洗液将已交换在树脂上的待测离子洗脱,以达到分离和富集的目的。该法既可以富集水中痕量无机物,又可以富集痕量有机物,分离效率高。

第三节　金属污染物的测定

金属污染物主要有汞、镉、铅、铬、铜、银等。根据金属在水中存在的状态,分别测定溶解的、悬浮的、总金属以及酸可提取的金属成分等。溶解的金属是指能通过 $0.45\mu m$ 滤膜的金属;悬浮的金属指被 $0.45\mu m$ 滤膜阻留的金属;总金属指未过滤水样,经消解处理后所测得的金属含量。目前环境标准中,如无特别指明,一般指总金属含量。

水体中金属化合物的含量一般较低,对其进行测定需采用高灵敏的方法。目前标准中主要采用原子吸收分光光度法,其他测定金属的方法有电感契合等离子体发射光谱法、分光光度法、原子荧光法和阳极溶出伏安法等。

一、原子吸收分光光度法测定多种金属

原子吸收分光光度法是运用某元素的基态原子对该元素的特征谱线具有选择性吸收的特性来进行定量分析的方法。按照使被测元素原子化的方式可分为火焰法、无火焰法和冷原子法三种形式。最常用的是火焰原子吸收分光光度法,其分析示意图如图 6-2 所示。

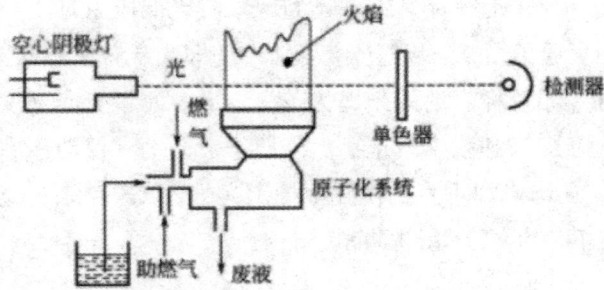

图 6-2　火焰原子吸收分光光度法示意图

压缩空气通过文丘里管把试液吸入原子化系统,试液被撞击为细小的雾滴随气流进入火焰。试样中各元素化合物在高温火焰中气化并解离成基态原子,这一过程称为原子化过程。此时,让从空心阴极灯发出的具有特征波 K 的光通过火焰,该特征光的能量相当于待测元素原子由基态提高到激发态所需的能量。被基态原子吸收,使光的强度发生变化,这一变化经过光电变换系统放大后在计算机上显示出来被吸收光的强度与蒸气中基态原子浓度的关系在一定范围内符合比耳定律,因此,可以根据吸光度的大小,在相同条件下制作的标准曲线上求得被测元素的含量。

在无火焰原子吸收分光光度法中,元素的原子化是在高温的石墨管中实现的。石墨管同轴地放置在仪器的光路中,用电加热使其达到近 3000℃温度,使置于管中的试样原子化并同时测得原子化期间的吸光度值。此法具有比火焰原子吸收法更高的灵敏度。

二、汞

汞及其化合物属于极毒物质。天然水中含汞极少,一般不超过 0.1μg/L。工业废水中汞的最高允许排放浓度为 0.05mg/L。汞的测定方法有冷原子吸收法、冷原子荧光法、二硫纵分光光度法等。

(1)冷原子吸收法。汞是常温下唯一的液态金属,具有较高的蒸气压(20℃时汞的蒸气压为 0.173Pa,在 25℃时以 1L/min 流量的空气流经 $10cm^2$ 的汞表面,每 $1m^3$ 空气中含汞约为 30mg),而且汞在空气中不易被氧化,以气态原子存在。由于汞具有上述特性,可以直接用原子吸收法在常温下测定汞,故称为冷原子吸收法。采用此法,由于可以省去原子化装置,使仪器结构简化。测定时干扰因素少,方法检出限为 0.05μg/L。冷原子吸收法测汞的专用仪器为测汞仪,光源为低压东灯,发出汞的特征吸收波长 253.7nm 的光。

汞在污染水体中部分以有机汞,如甲基汞和二甲基汞形式存在,测总汞时需将有机物破坏,使之分解,并使汞转变为汞离子。一般用强氧化剂加以消解处理。浓硫酸 - 高钵酸钾可以氧化有机汞的化合物,将其中的汞转变成汞离子,然后用适当的还原剂(如氯化亚锡)将汞离子还原为汞。利用汞的强挥发性,以氮气或干燥清洁的空气作载气,将汞吹出,导入测汞仪进行原子吸收测定。

（2）冷原子荧光法。荧光是一种光致发光的现象。当低压汞灯发出的253.7nm的紫外线照射基态汞原子时，汞原子由基态跃迁至激发态，随即又从激发态回至基态，伴随以发射光的形式释放这部分能量，这样发射的光即为荧光。通过测量荧光强度求得汞的浓度。在较低浓度范围内，荧光强度与锂浓度成正比。冷原子荧光测求仪与冷原子吸收测量仪的不同之处是光电倍增管处在与光源垂直的位置上检测光强，以避免来自光源的干扰。冷原子荧光法具有更高的灵敏度，其方法检测限为0.5ng/L。

三、砷

砷的污染主要来自含砷农药、冶炼、制革、染料化工等工业废水。环境中的加以砷（Ⅲ）和河（Ⅴ）两种价态化合物存在。砷化物均有毒性，三价砷比五价砷毒性更大。地面水环境质量标准规定砷的含量为0.05~0.1mg/L，工业废水的最高允许排放浓度为0.5mg/L，

砷的测定方法可采用分光光度法、原子吸收法和原子荧光法。不管采用何种方法，水样均要进行相似的前处理。除非是清洁水样，对于污染水样，首先用酸消解，然后用还原剂使砷以砷化氢气体从水样中分离出来。

1. 分光光度法（光度法）

①二乙基二硫代氨基甲酸银光度法。此法1952年由Vasak提出。水样经前面处理，以碘化钾和氯化亚锡使五价部还原为三价砷，加入锌粒，锌与酸产生的新生态氮使三价砷中还原成气态砷化氢。用二乙基二硫代氨基甲酸银（AgDDTC）的吡啶溶液吸收分离出来的砷化氢，吸收的砷化氢将银盐还原为单质银，这种单质银是颗粒极细的胶态银，分散在溶剂中呈棕红色，借此作为光度法测定砷的依据。显色反应为：

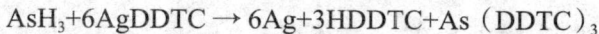

$$AsH_3+6AgDDTC \rightarrow 6Ag+3HDDTC+As（DDTC）_3$$

吡啶在体系中有两种作用：As（DDTC）$_3$为水不溶性化合物，吡啶既作为溶剂，又能与显色反应中生成的游离酸结合成盐，有利于显色反应进行得更完全。但是，由于吡啶易挥发，其气味难闻，后来改用AgDDTC$^-$三乙醇胺以氯仿作为吸收显色体系。在此，三乙醇胺作为有机碱与游离酸结合成盐，氯仿作为有机溶剂。本法选择在波长510nm下测定吸光度。取50mL水样，最低检出浓度为7μg/L。

②新银盐光度法。硼氢化钾（或硼氢化钠）在酸性溶液中，产生新生态的氢，将水中无机砷还原成砷化氢气体。以硝酸-硝酸银-聚乙烯醇-乙醇为吸收液，砷化氢将吸收液中的银离子还原成单质胶态银，使溶液呈黄色，颜色强度与生成氢化物的量成正比。黄色溶液在400nm处有最大吸收，颜色在2h内无明显变化（20℃以下）。化学反应如下：

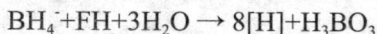

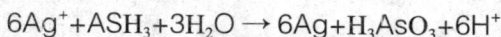

$$BH_4+FH+3H_2O \rightarrow 8[H]+H_3BO_3$$

$$As^{3+}+3[H] \rightarrow AsH_3 \uparrow$$

$$6Ag^++ASH_3+3H_2O \rightarrow 6Ag+H_3AsO_3+6H^+$$

聚乙烯醇在体系中的作用是作为分散剂，使胶体银保持分散状态。乙醇作为溶剂。此

法测定的精密度高,根据四个地区不同实验室测定,相对标准偏差为 1.9%,平均加标回收率为 98%。此法反应时间只需几分钟,而 AgDDC 法则需 1h 左右。此法对砷的测定具有较好的选择性,但在反应中能生成与砷化氢类似氢化物的其他离子有正干扰,如锑、银、锡、镍等;能被氢还原的金属离子有负干扰,如银、钴、铁、锰、镉等;常见阴阳离子没有干扰。

在含 2μg 砷的 250mL 试样中加入 0.15mol/L 的酒石酸溶液 20mL,可消除为砷量 800 倍的铝、锰、锌、镉,200 倍的铁,100 倍的银,30 倍的铜,2.5 倍的锡(Ⅳ),1 倍的锡(Ⅱ)的干扰。用浸渍二甲基甲酰胺(DMF)脱脂棉可消除为砷量 2.5 倍的锑、铋和 0.5 倍的锗的干扰。用乙酸铅棉可消除硫化物的干扰。水体中含量较低的硫、硒对本法无影响。

(2)氢化物原子吸收法。硼氢化钾或硼氢化钠在酸性溶液中,产生新生态氢,将水样中无机冲还原成砷化氢气体,将其用电气载入石英管中,以电加热方式使石英管升温至 900~1000℃。砷化氢在此温度下被分解形成砷原子蒸气,对来自砷光源的特征电磁辐射产生吸收。将测得水样中砷的吸光度值和标准吸光度值进行比较,确定水样中砷的含量。原子吸收光谱仪一般带有氢化物发生与测定装置作为附件供选择购置,一般装置的检出限为 0.25μg/L。

(3)原子荧光法。在消解处理水样后加入硫麻,把砷还原成三价。在酸性介质中加入硼氢化钾溶液,三价砷中被还原形成砷化氢气体,由载气(量气)直接导入石英管原子化器中,进而在氩氢火焰中原子化。基态原子受特种空心阴极灯光源的激发,产生原子荧光,通过检测原子荧光的相对强度,利用荧光强度与溶液中的砷含量成正比的关系,计算样品溶液中相应成分的含量。该法也适用于测定锑和铋等元素,砷、锑、铋的方法检出限为 0.1~0.2μg/L。

四、铬

铬的主要污染源是电镀、制革、冶炼等工业排放的污水。它以三价铬离子和锯酸根离子形式存在。微量的三价铬是生物体必需的元素,但超过一定浓度也有危害。六价铬的毒性强,且更易为人体吸收,因此被列为优先监测的项目之一。

铬的测定可用多种方法:原子吸收分光光度法可用来直接测定三价倍和六价倍的总量;含高浓度铬酸根的污水可用滴定法测定;在多种测定铬的光度法中,二苯碳酰二肼光度法对铬(Ⅵ)的测定几乎是专属的,能分别测定两种价态的铬。

二苯碳酰二肼,又名二苯氨基脲、二苯卡巴肼。白色或淡橙色粉末,易溶于乙醇和丙酮等有机溶剂。试剂配成溶液后,易氧化变质,稳定性不好,应在冰箱中保存。试剂的分子结构式为:

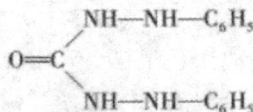

$$O=C\begin{cases} NH-NH-C_6H_5 \\ NH-NH-C_6H_5 \end{cases}$$

二苯碳酰二肼测定铬是基于与铬(Ⅳ)发生的显色反应,共存的铬(Ⅲ)不参与反应。铬

（Ⅳ）与试剂反应生成红紫色的络合物，其最大吸收波长为 540nm。其具有较高的灵敏度（$\varepsilon=4\times10^4$），最低检出浓度为 $4\mu g/L$。水样经高锰酸钾氧化后测得的是总铬，未经氧化测得的是 Cr（Ⅵ），将总铬减 Cr（Ⅵ），即得 Cr（Ⅲ）。

第四节　非金属无机物的测定

　　环境水体中除了有机污染物外，还有大量的无机物，例如含氮化合物、含磷化合物、氟化物、氯化物、硫化物、硫酸盐等。这些化合物一般以阴离子形态存在于水体中，容易被生物吸收。对于这些化合物的测定，最普遍应用的方法是化学法和光度法，应用离子选择电极法的也较多，近年来离子色谱法在测定阴离子方面取得较大进展。

　　水中的含氮化合物是一项重要的卫生指标。环境水体中存在着各种形态的含氮化合物，由于化学和生物化学的作用，它们处在不断地变化和循环之中。水中氮的存在形式有包氮（NH_3、NH_4^-）、亚硝酸盐（NO_2^-）、硝酸盐（NO_3^-）、有机氮（蛋白质、尿素、氨基酸、硝基化合物等）。最初进入水中的有机氮和氨氮，其中有机氮首先被分解转化为氨氮，而后在有氧条件下，氮在亚硝酸菌和硝酸菌的作用下逐步氧化为亚硝酸盐和硝酸盐。若水中富含大量有机氮和氨氮，则说明水体最近受到污染。

　　磷为常见元素，在天然水和废水中磷主要以正磷酸盐（PO_4^{3-}、PHO_4^{2-}、$H_2PO_4^-$）、缩合磷酸盐（$P_2O_7^{4-}$、$P_3O_{10}^{5-}$）、（$(PO_3)_6^{3-}$）和有机磷（如磷脂等）形式存在，也存在于腐殖质粒子和水生生物中。化肥、冶炼、合成洗涤剂等行业的工业废水及生活污水中常含有大量的磷。由于化肥和有机磷农药的大量使用，农田排水中也会含有比较高的磷。

　　当水体中含氮、磷和其他营养物质过多时，会促使藻类等浮游生物大量繁殖，形成水华或赤潮，造成水体富营养化。

一、亚硝酸盐

　　亚硝酸盐（NO_2-N）是含氮化合物分解过程中的中间产物，它是有机污染的标志之一。亚硝酸盐极不稳定，可被氧化为硝酸盐，也可被还原为氨氮，因为在硝化过程中，由 NM 转化为 NO；过程比较缓慢，而由 NO_2^- 转化成 NO_3^- 比较快速，所以亚硝酸盐在天然水体中含量并不高，通常不超过 0.1mg/L。亚硝酸盐进入人体后，可使血液中正常携氧的铁血红蛋白氧化成高铁血红蛋白，使之失去输送氧的能力，还可与仲胺类反应生成具致癌性的亚硝胺类物质。

　　水中亚硝酸盐常用的测定方法有离子色谱法、气相分子吸收光谱法（HJ/T197-2005）和 N-（1-萘基）-乙二胺光度法。前两种方法简便、快速、干扰较少；光度法灵敏度较高，选择性较好。亚硝酸盐氮的测定通常用重氮偶合光度法，按使用试剂不同分为 N-（1-萘基）-

乙二胺光度法和 α - 萘胺光度法。下面主要介绍 N-（1- 萘基）- 乙二胺光度法（GB7493—87）的测定过程。

1.N-（1- 萘基）- 乙二胺光度法原理

在磷酸介质中，当 pH 为 1.8 时，水中的亚硝酸根离子与 4- 氨基苯磺酰胺（4-aminobenzene Sulfonamide）反应生成重氮盐，它再与 N-（1- 萘基）- 乙二胺二盐酸盐［N-（1-napHthyl)-1,2-diaminaethane dihydrochlo-ride］生成红色染料，在 540nm 波长处测定吸光度。如果使用光程长为 10mm 的比色皿，亚硝酸盐氮的浓度在 0.2mg/L 以内，其呈色符合比尔定律。

2. 仪器

（1）玻璃器皿，都应用 2mol/L 盐酸仔细洗净，然后用水彻底冲洗。

（2）常用实验室设备及分光光度计。

3. 试剂

（1）实验用水（无硝酸盐的二次蒸馏水）。采用下列方法之一制备。

①加入高锰酸钾结晶少许于 1L 蒸馏水水中，使呈红色，加氢氧化铁（或氢氧化钙）结晶至溶液呈碱性，使用硬质玻璃蒸馏器进行蒸馏，弃去最初的 50mL 馏出液，收集约 700mL 不含锰盐的馏出液，待用。

②在 1L 蒸馏水中加入浓硫酸 1mL、高锰酸钾溶液。［每 100mL 水中含有 36.4g 硫酸锰（$MnSO_4 \cdot H_2O$）]0.2mL，滴加 0.04%（m/V）高锰酸钾溶液至呈红色（1~3mL），使用硬质玻璃蒸馏器进行蒸馏，弃去最初的 50mL 馏出液，收集约 700mL 不含锰盐的馏出液，待用。

（2）磷酸。15mol/L，p=1.70g/mL。

（3）硫酸。I8mol/L，p=1.84g/mL。

（4）磷酸。1+9 溶液（1.5mol/L）。溶液至少可稳定 6 个月。

（5）显色剂。在 500mL 烧杯内加入 250mL 水和 50mL15mol/L 磷酸，加入 20.0g4- 氨基苯磺酰胺（$NH_2C_6H_4SO_2NH_2$）。再将 1.00gN-（1- 萘基）- 乙二胺二盐酸盐（$C_{10}H_7NHC_2H_4NH_2.2HCl$）溶于上述溶液中，转移至 500mL 容量瓶，用水稀释至标线，摇匀。此溶液贮存于棕色试剂瓶中，保存在 2~5℃，至少可稳定 1 个月。

注：本试剂有毒性，避免与皮肤接触或吸入体内。

（6）高锰酸钾标准溶液。c（$1/5KMnO_4$）=0.050mol/L。溶解 1.6g 高锰酸钾（$KMnO_4$）于 1.2L 水中（一次蒸播水），煮沸 0.5~1h，使体积减小到 1L 左右，放置过夜，用 C-3 号玻璃砂芯滤器过滤后，滤液贮存于棕色试剂瓶中避光保存。高锰酸钾标准溶液要进行标定和计算。

（7）草酸钠标准溶液。c（$1/2Na_2C_2O_4$）=0.0500mol/L。溶解 105℃烘干 2h 的优级纯无水草酸钠（3.3500 ± 0.0004）g 于 750mL 水中，定量转至 1000mL 容量瓶中，用水稀释至标线，摇匀。

（8）亚硝酸盐氮标准贮备溶液，c_N=250mg/L。

①贮备溶液的配制。称取 1.232g 亚硝酸钠（$NaNo_2$），溶于 150mL 水中，定量转移至 1000mL 容量瓶中，用水稀释至标线，摇匀。本溶液贮存在棕色试剂瓶中，加入 1mL 氯仿，保

存在 2~5℃,至少稳定 1 个月。

②贮备溶液的标定。在 300mL 具塞锥形瓶中,移入高锰酸钾标准溶液 50.00mL、浓硫酸 5mL,用 50mL 无分度吸管,使下端插入高锰酸钾溶液液面下,加入亚硝酸盐氮标准贮备溶液 50.00mL,轻轻摇匀,置于水浴上加热至 70~80℃,按每次 10.00mL 的量加入足够的草酸钠标准溶液,使高锰酸钾标准溶液褪色并使过量,记录草酸钠标准溶液用量 V_2,然后用高锰酸钾标准溶液滴定过量草酸钠至溶液呈微红色,记录高锰酸钾标准溶液总用量 V_1。

再以 50mL 实验用水代替亚硝酸盐氮标准贮备溶液,用草酸钠标准溶液标定高锰酸钾溶液的浓度 c_1。

按下式计算高锰酸钾标准溶液浓度 c_1（$1/5KMnO_4$, mol/L）:

$$c_1 = (0.0500 \times V_4)/V_3$$

式中:V_3——滴定实验用水时加入高锰酸钾标准溶液总量,mL;

V_4——滴定实验用水时加入草酸钠标准溶液总量,mL;

0.0500——草酸钠标准溶液浓度 c（$1/2Na_2C_2O_4$）,mol/L

按下式计算亚硝酸盐氮标准贮备溶液的浓度 c_N（mg/L）:

（9）亚硝酸盐氮中间标准液。$c_N = 50.0$mg/L。取亚硝酸盐氮标准贮备溶液 50.00mL 于 250mL 容量瓶中,用水稀释至标线,摇匀。此溶液贮于棕色瓶内,保存在 2~5℃,可稳定 1 周。

（10）亚硝酸盐氮标准工作液。$c_N = 1.00$mg/L。取亚硝酸盐氮中间标准液 10.00mL 于 500mL 容量瓶内,水稀释至标线,摇匀。此溶液用时,当天配制。

注:亚硝酸盐氮中间标准液和标准工作液的浓度值,应采用贮备溶液标定后的准确浓度的计算值。

（11）氢氧化铝悬浮液。溶解 125g 硫酸铝钾 [$KAl(SO_4)_2 \cdot 12H_2O$] 或硫酸铝铵 [$NH_4Al(SO_4)_2 \cdot 12H_2O$] 于 1L 一次蒸馏水中,加热至 60℃,在不断搅拌下,徐徐加入 55mL 浓氮氧化氨,放置约 Ih 后,移入 1L 量筒内,用一次蒸馏水反复洗涤沉淀,最后用实验用水洗涤沉淀,直至洗涤液中不含亚硝酸盐为止。澄清后,把上清液尽量全部倾出,只留稠的悬浮物,最后加入 100mL 水。使用前应振荡均匀。

（12）酚酞指示剂。c=10g/L。0.5g 酚酞溶于 95%（体积分数）乙醇 50mL 中。

4. 操作步曝

（1）试样的制备。实验室样品含有悬浮物或带有颜色时,须去除干扰。水样最大体积为 50.0H.,可测定亚硝酸盐氮浓度高至 0.20mg/L。浓度更高时,可先应用较少量的样品或将样品进行稀释后,再取样。

（2）测定。用无分度吸管将选定体积的水样移至 50mL 比色管（或容量瓶）中,用水稀释至标线,加入显色剂 10mL,密塞,摇匀,静置,此时 pH 应为 1.8 ± 0.3C 加入显色剂 20min 后、2h 以内,在 540nm 的最大吸光度波长处,用光程长 10mm 的比色皿,以实验用水做参比,测量溶液吸光度。

注:最初使用本方法时,应校正最大吸光度的波长,以后的测定均应用此波长。

（3）空白试验。按上述（2）所述步骤进行空白试验，用 50mL 水代替水样。

（4）色度校正。如果实验室样品经处理后还具有颜色时，按（2）所述方法，从水样中取相同体积的第二份水样，进行测定吸光度，只是不加显色剂，改加磷酸（1+9）10mL。

（5）标准曲线校准：在一组 6 个 50mL 比色管（或容量瓶）内，分别加入 1.00mg/L 亚硝酸盐氮标准工作液 0、1.00、3.00、5.00、7.00 和 10.00mL，用水稀释至标线，然后加入显色剂 20min 后、2h 以内，在 540nm 的最大吸光度波长处，用光程长 10mm 的比色皿，以实验用水做参比，测量溶液吸光度。

从测得的各溶液吸光度，减去空白试验吸光度，得校正吸光度上绘制以氮含量（μg）对校正吸光度的校准曲线，亦可按线性回归方程的方法，计算校准曲线方程。

5. 计算

水样溶液吸光度的校正值 A，按下式计算：

$$A_r = A_s - A_b - A_e$$

式中：A_r——水样溶液测得吸光度；

A_s——空白试验测得吸光度；

A_b——色度校正测得吸光度。

由校正吸光度 A 值，从校准曲线上查得（或由校准曲线方程计算）相应的亚硝酸盐氮的含量 m_N（μg）。

水样的亚硝酸盐氮浓度按下式计算：

$$c_N = mN/V$$

式中：c_N——亚硝酸盐氮浓度，mg/L；

m_N——相当于校正吸光度 A 的亚硝酸盐氮含量，μg；

V——取水样体积，mL。

试样体积为 50mL 时，结果以 3 位小数表示。

6. 注意事项

（1）采样和样品保存：实验室样品应用玻璃瓶或聚乙烯瓶采集，并在采集后尽快分析，且不要超过 24h。若需短期保存 1—2d，可以在每升实验室样品中加入 40mg 氯化汞，并保存于 2~5℃。

（2）当试样 pH≥11 时，可能遇到某些干扰，遇此情况，可向水样中加入酚酞溶液 1 滴，边搅拌边逐滴加入磷酸溶液，至红色刚消失。经此处理，则在加入显色剂后，体系 pH 为 1.8 ± 0.3 不影响测定。

（3）水样若有颜色和悬浮物，可于每 100mL 水中加入 2mL 氢氧化铝悬浮液。搅拌、静置、过滤再取水样测定。

（4）水样中若含氯胺、氯、硫代硫酸盐、聚磷酸钠和三价铁离子对测定有明显干扰。

（5）精密度和准确度：取平行双样测定结果的算术平均值为测定结果。

二、硝酸盐

硝酸盐（NO_3^-）是在有氧环境中最稳定的含氮化合物，也是含氮有机化合物经无机化作用最终阶段的分解产物。由于大量施用化肥和酸雨等因素的影响，水体中硝酸盐含量呈升高趋势。清洁的地面水硝酸盐含量很低，而受污染的水体和一些深层地下水含量较高。过多的硝酸盐对环境和人体不利。饮用水中的硝酸盐是有害物质，进入人体后可以被还原为亚硝酸盐进而生成其他危害更严重的物质。饮用水中，硝酸盐的浓度限制在 10mg/L（以氮计）以下。

硝酸盐测定方法有光度法、离子色谱法、离子选择电极法和气相分子吸收光谱法（HJ/T198—2005）等。光度法包括酚二磺酸分光光度法、戴氏合金还原 - 纳氏试剂光度法、镉柱还原 - 偶氮光度法、紫外分光光度法（HJ/T346—2007）等。

其中镉柱还原 - 偶氮光度法利用硝酸机通过镉柱后被还原成亚硝酸盐，亚硝酸盐与芳香胺生成重氮化合物的方法来测定亚硝酸盐。此法可分别测定样品中硝酸盐与亚硝酸盐，但操作比较烦琐，较少应用，戴氏合金还原法是水样在碱性介质中，硝酸盐可被还原剂戴氏合金在加热情况下定量还原为氨，经蒸发出后被吸收于硼酸溶液中，用纳氏试剂光度法或酸滴定法测定。紫外分光光度法是利用硝酸根离子在220nm波长处的吸收而定量测定硝酸根，酚二磺酸分光光度法（GB7480—87）显色稳定，测定范围较宽，下面重点介绍此测定方法。

1. 酚二磺酸光度法原理

利用硝酸盐在无水情况下与酚二磺酸反应生成邻硝基酚二磺酸，在碱性（氨性）溶液中生成黄色化合物，于410nm波长处进行分光光度测定。

2. 仪器

75~100mL 容址瓷蒸发皿；50mL 具塞比色管；分光光度计；恒温水浴。

3. 试剂

（1）浓硫酸。p=1.84g/mL。

（2）发烟硫酸（$H_2SO_4 \cdot SO_3$）。含 13% 三氧化硫（SO_3）。

注：①发烟硫酸在室温较低时凝固，取用时，可先在 40~50℃隔水浴中加温使熔化，不能在盛装发烟硫酸的玻璃瓶直接置入水浴中，以免瓶裂引起危险。

②发烟硫酸中含三氧化硫（SO_3）浓度超过 13% 时，可用浓硫酸按计算量进行稀释。

（3）酚二磺酸（$C_6H_3(OH)(SO_3H)_2$）。称取 25g 苯酚置于 500mL 锥形瓶中，加 150mL浓硫酸使之溶解，再加 75mL 发烟硫酸充分混合。瓶口插一小漏斗，置瓶于沸水浴中加热2h，得淡棕色稠液，贮于棕色瓶中，密塞保存。当苯酚色泽变深时，应进行蒸馏精制。若无发烟硫酸时，亦可用浓硫酸代替，但应增加在沸水浴中加热时间至 6h，制得的试剂尤应注意防止吸收空气中的水分，以免因硫酸浓度的降低，影响硝基化反应的进行，使测定结果偏低。

（4）氨水（$NH_3 \cdot H_2O$）。p=0.90g/mL。

（5）氢氧化钠溶液。0.1mol/L。

（6）硝酸盐氮标准贮备液。$c_N=100mg/L$。将 0.7218g 经 105~110℃ 干燥 2h 的硝酸钾（KNO_3）溶于水中，移入 1000mL 容量瓶，用水稀释至标线，混匀。加 2mL 氯仿作保存剂，至少可稳定 6 个月。每毫升本标准溶液含 0.10mg 硝酸盐氮。

（7）硝酸盐氮标准溶液。$c_N=10.0mg/L$。吸取 50.0mL 100mg/L 硝酸盐氮标准贮备液，置蒸发皿内，加 0.1mol/L 氢氧化钠溶液使 pH 调至 8，在水浴上蒸发至干。加 2mL 酚二磺酸试剂，用玻璃棒研磨蒸发皿内壁，使残渣与试剂充分接触，放置片刻，研磨一次，放置 10min，加入少量水，定量移入 500mL 容量瓶中，加水至标线，混匀。每毫升本标准溶液含 0.010mg 硝酸盐氮。贮于棕色瓶中，此溶液至少稳定 6 个月。

（8）硫酸银溶液。称取 4.397g 硫酸银（Ag_2SO_4）溶于水，稀释至 10000mL。1.00mL 此溶液可去除 1.00mg 氯离子（Cl^-）。

（9）硫酸溶液。0.5mol/L。

（10）EDTA 二钠溶液。称取 50gEDTA 二钠盐的二水合物（$C_{10}H_4N_2O_3Na_2 \cdot 2H_2O$），溶于 20mL 水中，使调成糊状，加入 60mL 氨水充分混合，使之溶解。

（11）氢氧化铝悬浮液。称取 125g 硫酸铝钾[$KAl(SO_4)_2 \cdot 12H_2O$]或硫酸铝铵[$NH_4Al(SO_4) \cdot 12H_2O$]溶于 1L 水中，加热到 60t，在不断搅拌下徐徐加入 55mL 氨水，使生成氢氧化铝沉淀，充分搅拌后静置，弃去上清液，反复用水洗涤沉淀，至倾出液无氯离子和盐。最后加入 300mL 水使成悬浮液。使用前振摇均匀。

（12）高锰酸钾溶液。3.16g/L。

4. 操作步骤

（1）水样体积的选择。

最大水样体积为 50mL，可测定硝酸盐氮浓度至 2.0mg/L。

（2）空白试验。

取 50mL 水，以与水样测定完全相同的步骤、试剂和用量，进行平行操作。

（3）标准曲线的绘制。

用分度吸管向一组 10 支 50mL 比色管中分别加入 10.0mg/L 硝酸盐氮标准溶液 0、0.10、0.30、0.50、0.70、1.00、3.00、5.00、7.00、10.01mL，加水至约 40mL，加 3mL 氨水使呈碱性，再加水至标线，混匀。硝酸盐氮含量分别为 0、0.001、0.003、0.005、007、0.010、0.03/0、0.050、0.070、0.10mg。随后进行分光光度测定。所用比色皿的光程长 10mm。由除零管外的其他校准系列测得的吸光度值减去零管的吸光度值，绘制吸光度对硝酸盐氮含量（mg）的校准曲线。

（4）干扰的排除。

①带色物质。取 100mL 水样移入 100mL 具塞量筒中，加 2mL 氢氧化铝悬浮液，密塞充分振摇，静置数分钟澄清后，过滤，弃去最初的滤液 20mL。

②离子。取 100mL 水样移入 100mL 具塞量筒中，根据已测定的氯离子含量，加入相当量的硫酸银溶液充分混合，在暗处放置 30min，使氯化银沉淀凝聚，然后用慢速滤纸过滤，弃

去最初滤液 20mL。

注：如不能获得澄清滤液，可将已加过硫酸银溶液后的水样在近 80℃的水浴中加热，并用力振摇，使沉淀充分凝聚，冷却后再进行过滤；若同时需去除带色物质，则可在加入硫酸银溶液并混匀后，再加入 2mL 氢氧化铝悬浮液，充分振摇，放置片刻待沉淀后，过滤。

③亚硝酸盐。当亚硝酸盐氮含量超过 0.2mg/L 时，可取 100mL 试样，加 1mL 硫酸溶液，混匀后，滴加高锰酸钾溶液，至淡红色保持 15min 不褪为止，使亚硝酸盐氧化为硝酸盐，最后从硝酸盐氮测定结果中减去亚硝酸盐含量。

（5）样品的测定。

①蒸发。取 50.0mL 水样（如果硝酸盐含量较高可酌量减少）置于蒸发皿中，用 pH 试纸监测，必要时用硫酸溶液或氢氧化钠溶液，调至微碱性 pH=8，置水浴上蒸发至干。

②硝化反应。加 1.0mL 酚二磺酸试剂，用玻璃棒研磨，使试剂与蒸发皿内残渣充分接触，放置片刻，再研磨一次，放置 10min，加入约 10mL 水。

③显色。在搅拌下加入 3~4mL 氨水，使溶液呈现最深的颜色。若有沉淀产生，过滤，或滴加础二钠溶液，并搅拌至沉淀溶解。将溶液移入比色管中，用水稀释至标线，混匀。

④分光光度测定。在 410nm 波长下，选用合适光程长的比色皿，以水为参比，测量溶液的吸光度口

5. 注意事项

（1）实验室样品可贮于玻璃瓶或聚乙烯瓶中。硝酸盐氮的测定应在水样采集后立即进行，必要时不得超过 24h。

（2）氯化物对测定有干扰，使结果偏低。在处理水样时加硫酸银使氯离子生成氯化银沉淀。水中若含有亚硝酸盐（超过 0.2mg/L），则需将其氧化成硝酸盐。氧化剂用高锰酸钾，然后从测定结果中扣除亚硝酸盐含量。

三、氨氮

水样中的总氮含量是衡量水质的重要指标之一。其测定方法通常采用过硫酸钾氧化，使有机氮和无机氮化合物转变为硝酸盐测定。凯氏氮是指以基耶达法测得的含氮量，它包括氨氮以及在浓硫酸和催化剂条件下能转化为铵盐而被测定的有机氮化合物。

氨氮以游离氨和铵盐形式存在于水中，二者的组成比取决于水的 pH，水中氨氮的来源主要有生活污水、合成氨工业废水以及农田排水。氨氮较高时对鱼类有毒害作用，高含量时会导致鱼类死亡。

敏氮的测定方法有纳氏试剂分光光度法（HJ535-2009 代替 GB7479—87）、水杨酸分光光度法（HJ536—2009 代替 GB7481—87）、蒸馏 - 中和滴定法（HJ537—2009 代替 GB7478—87）、电极法、气相分子吸收光谱法（HJ/T195—2005）等。

纳氏试剂分光光度法是氯化铵和碘化钾的碱性溶液与氯反应生成黄棕色化合物，在较

宽的波长范围内有强烈吸收,比色测定。水杨酸分光光度法是在亚硝基铁氰化钠存在下,钠与水杨酸盐和次氯酸离子反应生成蓝色化合物,比色测定。比色方法操作简便、灵敏、但干扰较多。因此对污染严重的工业废水,应将水样蒸馏,以消除干扰。蒸馏时调节水样的 pH 在 6~7.4 范围,加入氢氧化镁使呈微碱性,若采用纳氏试剂比色法或酸滴定法时以硼酸为吸收液;用水杨酸一次氯酸盐分光光度法时采用硫酸吸收。

1. 纳氏试剂法原理

碘化汞和碘化钾的碱性溶液与氨反应生成淡黄棕色胶态化合物,其色度与氨氮含量成正比,通常可在波长 410~425nm 范围内测其吸光度,反应式如下:

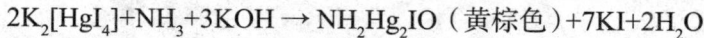

$$2K_2[HgI_4]+NH_3+3KOH \rightarrow NH_2Hg_2IO(黄棕色)+7KI+2H_2O$$

本法最低检出浓度为 0.025m/L(光度法),测定上限为 2mg/L。采用目视比色法,最低检出浓度为 0.02mg/L。水样作适当的预处理后,本法可适用于地面水、地下水、工业废水和生活污水的测定。

2. 仪器

带氮球的定氮蒸馏装置:500mL 凯氏烧瓶、氮球、直形冷凝管、分光光度计、pH 计。

3. 试剂

(1)配制试剂用水均应为无氨水。无氨水,可选用下列方法之一进行制备。

①蒸馏法:每升蒸馏水中加 0.1mL 硫酸,在全玻璃蒸镏器中重蒸馏,弃去 50mL 初储液,接取其余镏出液于具塞磨口的玻璃瓶中,密塞保存。

②离子交换法:使蒸馏水通过强酸性阳离子交换树脂柱。

(2)1mol/L 盐酸溶液。取 8.5mL 盐酸于 100mL 容量瓶中,用水稀释至标线。

(3)1mol/L 氢氧化钠溶液。称取 4g 氢氯化钠溶于水中,稀释至 100mL。

(4)轻质氧化镁(MgO)。将氧化镁在 500 工下加热,以除去碳酸盐。

(5)0.05% 澳百里酚蓝指示液(pH=6.0~7.6)。称取 0.05g 澳百里酚蓝指示液溶于 50mL 水中,加 10mL 无水乙醇,用水稀释至 100mL。

(6)防沫剂。如石蜡砷片。

(7)吸收液。①硼酸溶液:称取 20g 硼酸溶于水,稀释至 1L。② 0.01mol/L 硫酸溶液。

(8)纳氏试剂。可选择下列方法之一制备:

①称取 20g 碘化钾溶于约 25mL 水中,边搅拌边分次少量加入氯化汞(HgCl_2)结晶粉末(约 10g),至出现朱红色沉淀且不易溶解时,改为滴加饱和氯化汞溶液,并充分搅拌,当出现微量朱红色沉淀不再溶解时,停止滴加氯化汞溶液。

另称取 60g 氢氧化钾溶于水,并稀释至 250mL,冷却至室温后,将上述溶液徐徐注入氢氧化钾溶液中,用水稀释至 400mL,混匀。静置一夜,将上清液移入聚乙烯瓶中,密塞保存。

②称取 16g 氢氧化钠,溶于 50mL 水中,充分冷却至室温。

另称取 7g 碘化钾和 10g 碘化汞(HgI_2)溶于水,然后将此溶液在搅拌下徐徐注入氢氧化钠溶液中。用水稀释至 100mL,贮于聚乙烯瓶中,密塞保存。

（9）酒石酸钾钠溶液。称取 50g 酒石酸钾钠（$KNaC_4H4O_6 \cdot 4H_2O$）溶于 100mL 水中，加热煮沸以除去水，放冷，定容至 100mL。

（10）标准贮备溶液。称取 3.819g 经 100℃ 干燥过的氯化彼（NH_4Cl）溶于水中，移入 1000mL 容量瓶中，稀释至标线。此溶液每毫升含 1.00mg 氨氮。

（11）按标准使用溶液。移取 5.00mL 镀标准贮备液于 500mL 容量瓶中，用水稀释至标线。此溶液每毫升含 0.010mg 氨氮。

4. 操作步骤

（1）水样预处理。取 250mL 水样（如氨氮含量较高，可取适量并加水至 250mL，使氨氮含量不超过 2.5mg），移入凯氏烧瓶中，加数滴澳百里酚蓝指示液，用氮氧化钠溶液或盐酸溶液调节至 pH=7 左右。加入 0.25g 轻质氧化镁和数粒玻璃珠，立即连接蚓球和冷凝管，导管下端插入吸收液液面下。加热蒸馏，至播出液达 200mL 时，停止蒸馏。定容至 250mL。

采用酸滴定法或纳氏比色法时，以 50mL 硼酸溶液为吸收液；采用水杨酸一次氯酸盐比色法时，改用 50mL0.01mol/L 硫酸溶液为吸收液。

（2）标准曲线的绘制。吸取 0、0.50、1.00、3.00、5.00、7.00 和 10.0mL 按标准使用液于 50mL 比色管中，加水至标线，加 1.0mL 酒石酸钾钠溶液，混匀。加 1.5mL 纳氏试剂，混匀。放置 10min 后，在波长 420nm 处，用光程 20mm 比色皿，以水为参比，测定吸光度。

由测得的吸光度，减去零浓度空白管的吸光度后，得到校正吸光度，绘制以氨氮含量（mg）对校正吸光度的标准曲线。

（3）水样的测定。①分取适量经絮凝沉淀预处理后的水样（使其氮含量不超过 0.1mg），加入 50mL 比色管中，稀释至标线，加 0.1mL 酒石酸钾钠溶液；②分取适量经蒸馏预处理后的储出液，加入 50mL 比色管中，加一定量 lmol/L 氢氧化钠溶液以中和硼酸，稀释至标线。加 1.5mL 纳氏试剂，混匀。放置 10min 后．同标准曲线步骤测量吸光度。

（4）空白试验。以无氨水代替水样，作全程序空白测定。

5. 计算

由水样测得的吸光度减去空白试验的吸光度后，从标准曲线上查得氨氮含量（mg）。

氨氮（N，mg/L）=m/V×l000

式中：m——由校准曲线查得的氨氮量，mg；

V——水样体积，mL；

1000——换算为每升水样计。

6. 注意事项

（1）纳氏试剂中碘化汞与碘化钾的比例，对显色反应的灵敏度有较大影响。静置后生成的沉淀应除去。

（2）滤纸中常含痕量锈盐，使用时注意用无纭水洗涤。所用玻璃器皿应避免实验室空气中氨的进入。

第五节　水中有机化合物的测定

现代人的生活对有机化学品的依赖是显而易见的，医药、农药、洗涤剂、化妆品、高分子材料等都是有机化学工业的伟大杰作，不可能全盘否定化学工业给人类生活所带来的巨大优势。但不可避免的现实是，人类生产和生活所排放出的污水中，有机物的含量已远远超过了水体自净所能承受的最大限度，这样水体的有机物污染就不可避免了。

水体中有毒有机污染物主要来源于农药、医药、染料、化工等制造行业和使用部门，大规模地滥用这些产品，使水体中 DDT、六六六、苯酚等有害物质大量增加，其结果是造成许多地区鱼虾死亡、鸟蛇绝迹，人群中癌症发病率和胎儿畸形等现象增多。虽然不能绝对地说这些情况都是有机污染造成的，但许多科学证据表明，有机污染物的危害性是不容忽视的。

从环境治理的角度来说，这种污染并非无法消除，除了对现有生产工艺的改革以外，污水排放前的无害化处理是十分关键的。其中就包含对水中有机物的测定。因为水中所含有机物种类繁多，难以对每一个组分都进行定量测定，所以目前多测定与水中有机物相当的需氧量来间接表征有机物的含量。

一、化学耗氧量（COD）的测定

化学耗氧量是指在一定条件下，氧化 1L 水样中还原性物质所消耗的氧化剂的量，以氧的量 mg/L 表示。水体中还原性物质包括有机物和亚硝酸盐、硫化物、亚铁盐等无机物。化学耗氧量反映了水体受还原性物质污染的程度。基于水体被有机物污染是很普遍的现象，该指标也作为有机物相对含量的综合指标之一。

COD 测定采用重钠酸钾法（CBII914—89）。

（1）测定原理。在强酸性溶液中，用重铬酸钾氧化水样中的还原性物质，过量的重钠酸钾以试铁灵作指示剂，用硫酸亚铁铁标准溶液回滴，根据其用量计算水样中还原性物质消耗氧的量。

（2）测定步骤。参见 COD 的测定。

二、高锰酸盐指数的测定

以高锰酸钾为铺化剂催化水样中的还原性物质所消耗的锰化剂的量称为高锰酸盐指数，以氧的量 mg/L 来表示。它所测定的实际上也是化学耗氧量，只是我国标准中仅将酸性重铬酸钾法测得的值称为化学耗氧量（COD）。

高锰酸盐指数测定分为酸性和碱性两种条件，分别适用于不同的水样。对于清洁的地表水和被污染的水体中氯离子含量不超过 300mg/L 的水样，通常采用酸性高锰酸钾法；对于含氯量高于 30OnWL 的水样，应采用碱性高锰酸钾法。因为在碱性条件下高铝酸钾的氧化能力比较弱，此时不能氧化水中的氯离子，使测定结果能较为精确地反映水样中有机物的污染程度。

国际标准化组织（ISO）建议高锰酸盐指数仅限于测定地表水、饮用水和生活污水等。

（1）测定原理。在碱性或酸性溶液中，加 -- 定量 $KMnO_4$ 溶液于水样中，加热一定时间以氧化水中的还原性无机物和部分有机物，加过量草酸钠溶液还原剩余的 $KMnO_3$ 最后再以 $KMnO_4$ 溶液回滴过量的草酸钠。

（2）测定步骤（酸性高锰酸钾法）

①取 100mL 水样（原样或经稀释）置于锥形瓶中，加入 5ml.H_2SO_4 溶液（1+1）混合均匀；

②加入 10.0mL 高锰酸钾标准溶液 [c（1/5$KMnO_4$）=0.01mol/L]，置于沸水浴中加热 30min，取出冷却至室温；

③加入 10mL 草酸钠标准溶液 [c（1/2$Na_2C_2O_4$）=0.01mol/L]，使溶液中的红色褪尽；

④用高锰酸钾标准溶液 [c（l/5$KMnO_4$）=0.01mol/L] 滴定，直至出现微红色。

三、五日生化需氧量（BOD_5）的测定

生物化学耗氧量（BoD）就是水中有机物和无机物在生物氧化作用下所消耗的溶解氧。由于生物氧化过程很漫长（几十天至几百天），目前世界上都广泛采用在 20℃ 5 天培养法，其测定的消耗氧量称为五日生化需氧量，即 BOD_5。

BOD 是反映水体被有机物污染程度的综合指标，也是研究污水的"生化降解性和生化处理效果的重要手段。它是生化处理污水工艺设计和动力学研究中的重要参数指标。

（1）测定原理。与测定 Do 一样，使用碘量法。对于污染轻的水样，取其两份，一份测其当时的 DO；另一份在（20±1）DO 下培养 5 天再测 DO，两者之差即为 BOD_5。

对于大多数污水来说，为保证水体生物化学过程所必需的三个条件，测定时需按估计的污染程度适当地加特制的水稀释，然后取稀释后的水样两份，一份测其当时的 DO，另一份在（20±1）℃下培养 5 天再测 DO，同时测定稀释水在培养前后的 DO，按公式计算 BOD_5 值。

（2）稀释水。上述特制的、用于稀释水样的水，通称为稀释水。它是专门为满足水体生物化学过程的三个条件而配制的。配制时，取一定体积的蒸馏水，加 $CaCl_2$、$FeCl_3$、$MgSO_4$ 等用于微生物繁殖的营养物，用磷酸盐缓冲液调 pH 至 7.2，充分曝气，使溶解氧近饱和，达 8mg/L 以上。稀释水的 pH 值应为 7.2，BOD_5 必须小于 0.2mg/L，稀释水可在 20 工左右保存。

（3）接种稀释水。水样中必须含有微生物，否则应在稀释水中接种微生物，即在每升稀释水中加入生活污水上层清液 1-10mLo 或天然河水、湖水 10~100mL，以便为微生物接种。这种水就称作接种稀释水，其 BOD_5 应在 0.3~1.0mg/L 的范围内。

对于某些含有不易被一般微生物所分解的有机物的工业废水，需要进行微生物的驯化。这种驯化的微生物种群最好从接受该种废水的水体中取出。为此可以在排水口以下 3~8km

处取得水样,经培养接种到稀释水中;也可用人工方法驯化,采用一定量的生活污水,每天加入一定量的待测污水,连续曝气培养,直至培养成含有可分解污水中有机物的种群为止。

为检查稀释水和微生物是否适宜以及化验人员的操作水平,将每升含葡萄糖和谷氨酸各 150mg 的标准溶液以 1:50 的比例稀释后,与水样同步测定 BOD_5,测得值应在 180~230mg/L 之间,不一致时,应检查原因,予以纠正。

（4）水样的稀释。水样的稀释倍数主要是根据水样中有机物含量和分析人员的实践经验来进行估算的。通常有以下两种情况。

①对于清洁天然水和地表水,其溶解氧接近饱和,无须稀释。

②对于工业废水,有两种方法可以估算稀释倍数:a. 用 CODCr 值分别乘系数 0.075、0.15、0.25 获得;b. 由盘锦酸盐指数来确定稀释倍数,

为了得到正确的 BOD 值,一般以经过稀释后的混合液在 20 工培养 5 天后的溶解氧残留量在 1mg/L 以上,耗氧量在 2mg/L 以上,这样的稀释倍数最合适。如果各稀释倍数均能满足上述要求,那么取其测定结果的平均值为 BOD 值;如果三个稀释倍数培养的水样测定结果均在上述范围以外,那么应调整稀释倍数后重做。

四、总有机碳（TOC）和总需氧量（TOD）的测定

1. 总有机碳（TOC）的测定

总有机碳是以碳的含量表示水体中有机物质总量的综合指标。TOC 的测定都采用燃烧法,能将有机物全部氧化,因此它比 BOD_5 或 COD 更能反映水样中有机物的总量。

目前广泛应用的测定 TOC 的方法是燃烧氧化非色散红外吸收法。其测定原理是:将一份定量水样注入高温炉内的石英管,在 900~950 工高温下,以铀和三氧化钴或三氧化二格为催化剂,使有机物燃烧裂解转化为二氧化碳,然后用红外线气体分析仪测定 CO_2 含量,从而确定水样中碳的含量。但是在高温条件下,水样中的碳酸盐也会分解产生二氧化碳,所以上法测得的为水样中的总碳（TC）而非有机碳。

为了获得有机碳含量,一般可采用两种方法。一是将水样预先酸化,通入氮气曝气,驱除各种碳酸盐分解生成的二氧化碳后再注入仪器测定;另一种方法是使用装配有高低温炉的 TOC 测定仪,测定时将同样的水样分别等量注入高温炉（900℃）和低温炉（150℃）。在高温炉中,水样中的有机碳和无机碳全部转化为 CO_2,而低温炉的石英管中装有磷酸浸渍的玻璃棉,能使无机碳酸盐在 150℃分解为 CO_2 有机物却不能被分解氧化。将高、低温炉中生成的 CO_2 依次导入非色散红外气体分析仪,分别测得总碳（TC）和无机碳（IC）,二者之差即为总有机碳（TOC）。

2. 总需氧量（TOD）的测定

总需氧量是指水中能被氧化的物质（主要是有机物质）在燃烧中变成稳定的氧化物时所需要的氧量,形式以 O_2 的量 mg/L 表示。TOD 也是衡量水体中有机物污染程度的一项

指标。

用 TOD 测定仪测定 TOD 的原理是：将一定量水样注入装有铂催化剂的石英燃烧管，通入含已知氧浓度的载气（氮气）作为原料气，则水样中的还原性物质在 900cC 下被瞬间燃烧氧化，测定燃烧前后原料气中氧浓度的减少量，便可求得水样的总需氧量值。

TOD 值能反映几乎全部有机物质经燃烧后变成 CO_2、H_2O、NO、SO_2……所需要的铳量，它比 BOD、COD 和高锰酸盐指数更接近于理论需氧量值。它们之间没有固定的相关关系，从现有的研究资料来看，BOD_5：TOD 为 0.1~0.6，COD：TOD 为 0.5~0.9，具体比值取决于污水的性质。

根据 TOD 和 TOC 的比例关系可粗略判断有机物的种类。对于含碳化合物，因为一个碳原子需要消耗两个氧原子，即 O_2：C=2.67，所以从理论上说，TOD=2.67TOC。若某水样的 TOD：TOC=2.67 左右，可认为主要是含碳有机物；若 TOD：TOC>4.0，则应考虑水中有较大量含 s、P 的有机物存在；若 TOD：TOC < 2.6. 就应考虑水样中硝酸盐和亚硝酸盐可能含量较大，它们在高温和催化条件下分解放出氧，使 TOD 测定呈现负误差。

五、挥发酚的测定

芳香环上连有羟基的化合物均属酚类，各种不同结构的酚具有不同的沸点和挥发性，根据酚类能否与水蒸气一起蒸出，可以将其分为挥发酚与不挥发酚。通常认为沸点在 230℃以下的为挥发酚（属一元酚），而沸点在 230℃以上的为不挥发酚。

在有机污染物中，酚属毒性较高的物质，人体摄入一定量会出现急性中毒症状；长期饮用被酚污染的水，可引起头昏、瘙痒、贫血及神经系统障碍等。当水体中的酚含量大于 5mg/L 时，就可造成鱼类中毒死亡。酚的主要污染源是炼油、焦化、煤气发生站、木材防腐及化工等行业所排放的废水。

酚的主要分析方法有滴定分析法、分光光度法、色谱法等。目前各国普遍采用的是 4-氨基安替比林分光光度法，高浓度含酚废水可采用浪化滴定法。

现以分光光度法为例说明挥发酚的测定方法（HJ503-2009）。

（1）测定原理。酚类化合物在 pH=10 的条件和铁轨化钾的存在下，与 4- 氨基安替比林反应，生成橙红色的呵噪安替比林，在 510nm 波长处有最大吸收。若用氯仿萃取此染料，则在 460nm 波长处有最大吸收，可用分光光度法进行定量测定。

（2）测定步骤。参见酚的测定。

六、矿物油类测定

水中的矿物油来自工业废水和生活污水。工业废水中的石油类（各种烃类的混合物）污染物主要来自于原油开采、炼油企业及运输部门。矿物油漂浮在水体表面，影响空气与水体界面间的氧交换；分散于水中的油可被微生物氧化分解，消耗水中的溶解氧，使水质恶化。

矿物油中还含有毒性大的芳烃类。

测定矿物油的方法有重量法、非色散红外法、紫外分光光度法、荧光法、比浊法等。

1. 紫外分光光度法

石油及其产品在紫外光区有特征吸收。带有苯环的芳香族化合物的主要吸收波长为250~260nm；带有共轭双键的化合物主要吸收波长为215~230nm；一般原油的两个吸收峰波长为225nm 和 254nm；轻质油及炼油厂的油品可选 225nm。

水样用硫酸酸化，加氯化钠破乳化，然后用石油醚萃取、脱水、定容后测定等。标准油用受污染地点水样中石油醚萃取物。

不同油品特征吸收峰不同，如难以确定测定波长时，可用标准油样在波长 215~300nm 之间扫描，采用其最大吸收峰处的波长，一般在 220~225nm 之间。

2. 非色散红外法

本法系利用石油类物质的甲基（—CH$_3$）、亚甲基（—CH$_2$—）在近红外区（3.4μm）有特征吸收，作为测定水样中油含比的基础。标准油可采用受污染地点水中石油烃萃取物。根据我国原油组分特点，也可采用混合石油烃作为标准油，其组成为：十六烷：异辛烷：苯=65：25：10。

测定时，先用硫酸将水样酸化，加氯化钠破乳化，再用三氯氟烷萃取，萃取液经无水硫酸钠过滤、定容后，注入红外分析仪测其含量。

所有含甲基、亚甲基的有机物质都将产生干扰。如水样中有动、植物性油脂以及脂肪酸物质应预先将其分离。此外，石油中有亚较重的组分不溶于三氯氟烷，致使测定结果偏低。

第七章　环境质量的生态评价

第一节　环境质量评价概述

一、环境质量与生态环境质量

（一）环境质量的概念

环境科学的核心是环境质量问题。环境质量是指环境素质的优劣程度。优劣是质的概念,程度是量的表征。要给出环境性质的定量标准,可通过积累大量有关环境的实际资料或监测数据之后,将环境的质和量结合起来。具体地说,环境质量是指在某一个具体范围的环境内,环境的总体或环境的基本要素对人群的生存和繁衍及社会经济发展的适宜程度,是反映人类的具体要求而形成的对环境的性质及数量进行评定的一种概念。

环境质量包括自然环境质量和社会环境质量。自然环境质量又包括物理的、化学的和生物的等质量,根据不同的环境要素,又可进一步划分为大气环境质量、水环境质量、土壤环境质量、生物环境质量等。所谓物理环境质量是周围物理环境条件的好坏程度,自然界气候、水文、地质、地貌等条件的变化,人为的热污染、噪声污染、微波辐射、地面下沉以及自然灾害等能影响物理环境质量。化学环境质量是指周围化学环境条件的好坏程度,如不同地区各环境要素的化学组成不同,它们的化学环境质量也不一样。人类活动排出的污染物所造成的化学污染可以降低化学环境质量。生物环境质量是自然环境质量的重要组成部分,它是指周围生物群落构成特点而言,不同地区生物学群落的组成和结构不同,其生物环境质量也有差别。社会环境质量包括经济的、文化的及美学的等方面。

环境质量首先是由环境本身质的特性所决定的,它与物理质量主要不同点是具有明显的时空变化,受人类活动直接影响,并反过来对人群的生存及健康产生直接作用。所以,经常要求对不同环境的品质进行定量的描述和比较,因此人们规定了一些具有可比性的内容作为衡量环境质量的指标。人类在充分认识环境质量及其变化规律后,可对环境质量加以调控和改善。我国环境污染对环境质量的影响比较突出,其环境质量指标和标准多局限于进入环境的污染物及其含量水平上,所以,还有待于不断充实、完善,使其能与社会、经济发展的指标构成一个统一的完整的指标体系。

（二）生态环境质量的概念

生态环境虽然相当于自然环境，但更强调与生物特别是人类有关的自然环境。具体而言，生态环境是指除人口种群以外的生态系统中，以不同层次的生物为主体所组成的生命系统。生态环境质量就是这个系统在人为作用下所发生的好与坏的变化程度，或者说生命系统在人的作用下的总变化状态。更进一步说，生态环境质量是从生态系统的层次上，研究系统各组分，特别是有生命组分的质量变化规律和相互关系，以及人为作用下结构和功能的变化情况。

以往对人类活动所影响的环境质量进行研究，侧重于由于污染造成的环境质量下降，确定的环境质量指标和标准仅限于进入环境的污染物及其含量水平。使用生态环境质量，体现了人们观念的转变和认识的深化。

二、环境质量评价的定义

环境质量评价是认识与研究环境的一种科学方法；它还是研究人类环境质量变化规律，评价人类环境质量水平，并对环境要素或区域环境性质的优劣进行定量描述的科学；也是研究改善和提高人类环境质量的方法和途径的科学。从广泛的意义上来说，环境质量评价是指对环境的结构、状态、质量、功能的现状进行分析，对可能发生的变化进行预测，对其与社会、经济发展活动的协调性进行定性或定量的评估等。在实际开展的环境质量评价工作中，通常是狭义地理解为对一切可能引起环境发生变化的人类社会行为，包括政策、法令在内的等一切活动，从保护环境角度进行定性和定量的评定。

环境质量评价工作的核心问题是研究环境质量的好坏。目前它主要是以是否适合人类生存和发展（通常是以对人类健康的适宜程度）作为判别的标准，如可以用资源质量、生物质量、人群健康、人类生活等来衡量。从自然的角度来看，地球表面各不同地带及不同地区的环境质量是有很大差异的，如从热带到寒带，从湿润地区到干旱的荒漠地区，由于不同经纬度地区的气候差异，导致温度、水分条件的变化，从而造成各区域的环境质量（包括物理的、化学的和生物的）不一样。从人类活动的影响来看，环境污染状况可以通过大量的环境监测和调查资料，采用环境质量综合指数，对环境质量进行评价。

人类利用各种资源和进行各项生产活动必然影响环境，这些影响可能是好的，也可能是不好的，甚至产生严重的破坏，使环境质量下降。其影响与危害的程度，只有对环境质量进行评价才能判断，也才能找到适当的对策。所以，通过评价可充分认识环境质量及其变化趋势，从而为控制和改善环境质量提供科学的依据。

环境质量评价涉及环境质量基准和环境质量标准。环境质量基准一般定义为：环境因子在一定条件下作用于特定对象（如人或生物）而不产生不良或有害效应的最大阈值，或者说环境质量基准是保障人类生存活动及维持生态平衡的基本水准。环境质量标准是国家权力机构为保障人群健康和适宜生存条件，以及为保护生物资源、维持生态平衡，对环境中有害因素在限定的时空范围内容许阈值所作的强制性的法规。环境质量基准可按污染物同特定对象之间的剂量—反应关系确定，不考虑社会、经济、技术等人为因素，不具有法律效力。环境质量标准则以环境质量基准为依据，并考虑社会、经济、技术等因素，经过综合分析制定的，具有法律效力，体现国家环境保护政策和要求。环境质量基准有环境卫生基准、水生生物基准等。环境质量标准有水质量标准、大气质量标准、土壤质量标准、生物质量标准等。

三、环境质量评价的类型

（一）按时间尺度划分

1. 环境质量回顾评价

根据已积累的某区域的历史环境资料，对该区域的环境质量发展演变进行评价。可一方面收集过去积累的环境资料，同时进行环境模拟，或者采集样品分析，推算过去的环境状况。它包括对污染物浓度变化规律、污染成因、污染影响程度等的评估，对环境治理效果的评估等。如通过污染物在树木年轮中含量的分析可推知该地区污染物浓度的变化状况。此种评价并未在环境保护法规中有所要求，只是总结人为干扰造成环境破坏的教训，对目前与日后搞好环境监测与评价有所帮助。

2. 环境质量现状评价

环境质量现状评价是根据近几年的环境监测资料，依据一定的标准和方法，着眼当前情况，对一定区域内人类活动所造成的环境干扰和污染现状进行分析和评价。这样可以了解当前的环境质量状况，以便在生产中或规划设计中适当地利用各项自然资源，尽可能地保护和改善生态环境。评价某一区域的环境质量，一般以国家颁布的环境质量标准或环境背景值作为依据。通过环境质量的现状评价，可以更好地分析和认识环境质量变化的原因。

环境质量评价的区域范围，既可按环境功能划分，如一个城市、一个工厂、一个旅游区等；也可按自然条件划分，如一个流域、一片森林、一个平原等；还可按行政区划分，如一个县、一个乡等。环境质量现状可包括几个方面：①环境污染评价，指进行污染源调查，了解各种污染物浓度在种类和数量及其在环境中迁移、扩散和转化等，研究各种污染物浓度在时空上变化规律，建立模式，说明人类活动所排放的污染物对生态系统，特别是对人群健康已经造成的或将要造成的危害；②生态环境评价指为维护生态平衡，合理利用和开发自然资源而进行的区域范围内的自然环境质量评价；③美学评价指评价当前环境的美学价值；④社会环境质量评价。

3. 环境影响评价，又称环境决断评价或环境影响分析

对建设项目或工程（如新建一个企业、水坝，开发一个旅游区等）、区域开发计划，以及国家和地方政策实施后可能对环境造成的影响进行预测和估计，并制定出预防环境破坏和环境污染的对策。它是将经济建设与环境保护密切结合起来的有效措施，也是强化环境管理的有效手段。

根据开发建设活动不同,可分为单个开发建设项目的环境影响评价、区域开发建设的环境影响评价、发展规划和政策的环境影响评价(又称战略影响评价)等3种类型;按评价要素不同可分为大气环境影响评价、水环境影响评价、土壤环境影响、生态环境影响评价等等。

(二)按环境要素划分

1. 单要素环境质量评价

按环境要素可分为大气质量评价、水体质量评价、土壤质量评价、生态系统评价、噪声评价等。

环境要素是环境结构的基本单元。目前,人们大都从环境要素来考察和表示环境质量的优劣。虽然环境要素,如水、空气、生物、土壤、岩石及阳光等,在形态和性质上各不相同,有着一定的独立性,但各环境要素之间通过物质转换和能量传递两种方式密切联系,构成环境整体,即环境系统。所以,从生态学关于环境因子相互作用规律来看,只注重环境要素,而忽视它们之间的相互关系和相互作用,这样的环境质量评价是不完善的。

2. 环境质量联合评价

这是指对两个以上环境要素联合进行评价。如,地表水与地下水的联合评价,地下水与土壤的联合评价,土壤与森林更新的联合评价,地下水、地表水与土壤联合评价等。这种评价可以揭示污染物在两个或多个环境要素之间的迁移变化规律,阐明一种要素的污染或破坏对另一种环境要素的影响,以及反映各环境要素间的相互关系等。

3. 环境质量综合评价

根据一定的目的,在各单项要素评价的基础上,对一个区域的环境质量总体的定性和定量的评定。也就是将所有环境要素综合起来构成一个整体进行评价。评价过程中选取能体现各环境要素的评价参数,如评价环境污染的参数、表现生活环境质量的参数、反映自然环境和自然资源演变及保护状况的参数等等。这样可全面地反映一个区域的环境质量状况,从而可为从整体上进行环境区划、环境规划与环境管理提供依据。

(三)按区域类型划分

1. 城市环境质量评价

在综合考虑城市各环境要素的基础上,进行定量评价。从城市的外部特征看,城市构成各类独特的环境系统;就城市内部而言,各功能分区环境差异显著,如在工厂、交通干线、商业区、居民区、公园等,物质交换、能量流动的速度和形式也不相同。人口密度、绿地面积、公共设施、交通和家庭生活方便程度和文化教育设施状况等,都会影响环境质量。

2. 流域环境质量评价

对整个流域的环境质量进行全面评价。目前主要对流域中的江、河、湖泊及水库的水体水质进行评价,确定其污染程度,划分其污染等级,确定其污染类型等。评价的目的在于弄清现有水体的污染程度,以及将来的发展趋势,为进行流域的水源保护提供科学依据。

3. 旅游区环境质量评价

主要是针对该区域内自然景观和人文景观作单要素和综合评估。旅游区指具有观赏、文化和科学价值的山河、湖海、地貌、森林、动物、植物、化石、特殊地质、天文气象等自然景物和文化古迹、革命纪念地、历史遗迹、园林、建筑、工程设施等人文景观和它所处的环境以及风土人情等。所以，旅游区环境质量评价应从自然环境、社会环境、美学价值等多方面作综合评价。

其他还有农村或农场环境质量评价、林区或森林环境质量评价、开发区环境质量评价、湖泊或海洋环境质量评价、自然保护区环境质量评价等。

四、环境质量评价的内容与程序

（一）环境质量评价的内容

环境质量评价的内容随不同的评价对象和不同的评价类型而有所区别。如环境质量现状评价的主要内容一般包括：环境质量现状调查、评价参数的确定与评价模型的建立、评价的主要结论、对策与建议等。环境质量影响评价的对象，如果是对环境有明显影响的开发项目，则其主要内容包括：环境质量的现状调查与评价，开发项目的概况，环境质量预测，环境质量综合影响评价与方案选择，以及编写环境影响报告书等。目前以污染为主的环境质量评价大致包括以下几个方面：

1. 污染源的调查与评价

通过对各类污染源的调查、分析和比较，研究污染的数量、质量特征，所有污染源的发生和发展规律，找出主要污染物和主要污染源，为污染治理提供科学依据。

2. 环境质量指数评价

用无量纲指数，即环境质量指数表征环境质量的高低，是目前最常用的评价方法，包括单因子和多因子评价，以及多要素的环境质量综合评价。当所采用的环境质量标准一致时，这种环境质量指数具有时间和空间上的可比性。

3. 环境用量的功能评价

环境质量标准是按功能分类的，环境质量的功能评价就是要确定环境质量状况的功能属性，为合理利用环境资源提供依据。

（二）环境质量评价的程序

根据环境质量评价的现有规定与经验，进行环境质量评价时，一般采取以下的程序：

1. 下达环境质量评价委托书

国家的一些部、局（如农业农村部、国家环保总局、国家林业和草原局）以及各省区都设有环境保护办公室、环境监测与评价中心（或实验室）。当某一单位（如某个企业）因建设需要，对某一项目进行环境质量评价时，须先与环境质量评价中心取得联系，委托环境评价中心进行该项目的环境评价,并下达环境质量评价委托书。在委托书中须说明环境评价的目的、任务及完成日期等内容。

2.编写、评审环境质量评价大纲

承担建设项目环境评价的单位(如环境评价中心)首先编写项目环境评价大纲。大纲的内容包括:建设项目概况、编制大纲依据与原则、评价范围、评价标准与方法、项目的现状调查、项目的环境评价、环境问题的防治对策及评价工作计划等。评价大纲编制出来后,召开专家评审会议,对大纲进行评定,提出修改意见。

3.进行环境质量评价的调查研究

在开展环境质量调查研究,进行环境评定时,一般按以下步骤进行:

(1)划定评价范围。评价范围依据评价对象而定,常以行政区为界。在对流域、风景区或森林环境进行评价时,则常以自然界线(山脊或河流等)为界,而且往往按流域的自然界线划定。当评定生态系统受损的程度时,由于烟气、废水会随着气流和水流弥散,会影响一大片,应按照任务与目的及污染弥散规律确定界线。

(2)确定评价内容。环境是由很多环境要素构成的,内容十分复杂。进行环境评价时,需根据任务与要求确定评价内容,尤其要抓准对评价目的起决定作用的要素。例如,对水资源利用进行的环境质量评价,评价内容必须包括自然、生态和社会、经济环境等。自然环境中的水和土是评价工作中的主要研究内容。

(3)提出评价精度的要求。环境评价的对象不同,评价目的不同,评价范围不同,所要求的精度也不一样。评价精度是指根据不同的对象和目的,得出评价结论与实际的环境质量之间的差异。差异越小,则精度越高;差异越大,则精度越低。为了达到所要求的精度,可采用不同的取样密度。

(4)确定评价方法与途径。我国对有些要素的质量评价已有统一的方法,但有的却没有,应采用我国常用的评价方法与途径。野外取样调查与室内样品分析都必须按确定的方法进行。只有采用科学合理的评价方法,才能取得可靠的数据,才能与不同区域的数据进行比较,才能得到可靠的评价结果。

(5)资料收集与系统监测。除了突发事故引起环境的突然变化外,环境质量的形成需要经过一定的过程,即由量变到质变需要一定的时间,甚至相当一段时期。历史上积累的长期而系统的有关环境变化的资料是很重要的。从这些资料中,可以找出环境质量的形成、变化和发展规律,认识其环境质量的主要特点。所以,收集与分析长期的、现有的、系统的资料是环境质量评价中的一项重要工作。

现场调查与监测则可为评价环境质量现状提供有用数据。在资料不足的地区,现场调查与监测更应周密地考虑调查项目、测定时间与测定方法。但是,应认识到短期的、局部的调查测定数据有较大的局限性,在得出评价结论前,需要进行全面的考虑。

(6)数据处理与建立模型。将收集到的历史数据与实测数据,先进行整理,然后录入计算机进行统计分析,求出所需的参数,建立模型,得出系列标准数值,从而找出环境质量形成、变化及发展的规律。在对一个区域与具体项目进行环境质量评价时,应考虑区域环境条件的特殊性,不可生搬硬套某一通用模式。

(7)做出评价结论,编写评价报告书。根据国家公布的环境保护法和制定的环保政策,以及环境质量标准和排污标准,对比分析各种资料、数据和初步成果,做出评价结论,最后依照编写大纲,编制环境质量评价报告书。

五、环境质量的生态学评价

(一)生态环境质量评价

人们开发、利用、建设甚至破坏周围的生命系统,使它们发生了变化,对这些变化及其给人们的影响做出定量的分析及评价,称为生态环境质量评价。生态环境质量评价是环境质量评价的重要组成部分,从这个意义上讲,生态环境质量评价,就是依据生态系统结构和功能状态的优劣对环境质量进行评价的一种方法。生态环境质量评价的综合性很强,在指标的选取上也具有这个特点,如采用资源质量、生物质量、人群健康状况、生态系统的稳定性等尺度加以分析和判断。可见,生态环境质量评价是利用生态系统最综合、最本质的属性特征变化来评价环境质量,是目前较为理想的一种评价方法。因此,尽管有很大难度,但发展很迅速,已经对某些生态系统或区域生态环境的评价提出了许多较为成熟的指标体系。

(二)环境质量的生态评价

1. 生态评价的定义

环境质量的生态评价与生态环境质量评价有一定区别。本书将生态环境质量评价作为环境质量的生态(学)评价的一部分。环境质量的生态评价主要指采用生态学方法来评价环境的质量好坏,侧重于生态学的方法,当然也要以一般环境质量评价中的化学的、物理的指标、指数作基础和参照。如在未受人类干扰的自然环境中,从生态学的角度来看,不同的气候带地区对生物生存来说,具有不同的环境质量,所以,可根据不同地区的生物生产力等指标进行环境质量的生态评价。

然而,很多关于"生态环境质量评价""生态环境质量分析"方面的文献很少涉及生态环境质量的实质性问题,如生态环境质量的定义、生态环境质量的基准、生态环境质量的标准等。有些文献也仅是以多样性指数、相似性或指示生物等指标来分析和判定生态环境质量。究其原因,主要是生态系统的复杂性和动态性增加了对其分析、评价的难度。但是,这方面的工作一直在进行和发展之中。种群指数增长方程、莱斯利(Leslie)方程、洛特卡—沃尔泰勒(Lotka-Volterra, 1925, 1926)方程的建立,使生态学由定性描述逐步发展为定量化分析。而关于生物种群内禀增长率的研究,给生态定量化奠定了重要基础,因此,也为生态环境质量的定量描述和环境质量的生态评价创造了良好的前提条件。

有的专著或教科书提出生物环境影响评价,并将生态环境质量与生物环境质量混为一谈。但严格说来,生物环境质量与生态环境质量是有区别的,通常前者多指由于环境因素的改变(自然的或人为的)而使生物的诸多指标发生异常变化。就环境质量的变化来说,生态环境要比生物环境具有更广泛的内涵,因为生态环境着眼于生态系统,而生态系统包括多种生物组成的生物群落及其非生物环境,与生物有着质的差别,如同群落与种群、种群与个体的区别一样。如美国的 L.W. 坎特(1982)在《环境影响评价》一书中,列举了生物环境影响的评价指标中,70% 以上是生态系统结构和功能指标,如生态系统的弹性、适应性、物种多样性、栖息地容量、种群密度、隐蔽场所、食物网指标等。有的将生物指标,如污染物和农药在生物体内的残留量,某些重金属等在农产品中的允许含量等也纳入生态环境质量的内容。实际上,生态指标不仅包括生态系统结构和功能指标,而且也应包括生物指标,因为生物体内某些物质的含量,以及生物因此而产生的某些特征,都是生物与周围环境相互作用、相互影响的结果。

综上所述,可以看出,采用环境质量的生态评价这一提法,将有助于避免由于对生态环境质量和生物环境质量的定义不统一造成的混乱,而又能将生态环境质量评价和生物环境质量评价这两者的内容综合在一起。

2. 生态指标的背景值

环境质量的生态评价过程中,可选择无人干扰,或干扰小的地段作为背景,以便对比、分析。生态背景在无人为干扰时存在,在有人为干扰时也存在,但是以前者作为背景所给出的评价与以后者作为背景所给出的评价是截然不同的。所以,在进行生态评价时,生态背景是一个基础问题。

在自然状态下,由于没有人为干扰,环境本身的状态是多种原因所造成的结果,并处于不断变化之中,如个体的生长发育、群落的正常演替、生态系统的发育等。这样,生态评价时将面临选择什么状态作为背景,如何度量背景及背景的优劣等问题。也就是说,即使在没有人为干扰的情况下,环境也会由于种群和群落结构的演替而导致质量变化,即背景质量的变化。对这种变化过程,在生态学中已有很多定量研究,可将背景及其变化后的质量称为生态质量。生态质量的基准、划分等级、客观依据及数学模型等的阐明,是生态评价的基础,所以也是生态评价研究的重要组成部分。

(三)环境质量的生态评价目的与意义

环境质量的生态评价是环境质量评价的重要内容,也是环境质量评价的重要方法。它是生态学理论和方法在环境质量评价学的应用和发展,对于环境保护和社会经济的发展有着重要的意义。

(1)为生态规划方案的制定提供重要依据。在开展区域生态规划、城市生态规划和农村生态规划等过程中,应首先进行环境质量的生态评价这一项基础性工作。

(2)有助于从生态系统的角度,认识与人类及其他生物相关的环境质量状况及其发展变化规律,为资源的科学开发和环境管理提供科学依据。

(3)为区域规划与社会经济发展规划提供科学依据。通过一个区域环境质量的生态评价，不仅可以弄清生态环境质量变化的规律，而且还进行区域生态系统的分析，评价各种不同生态系统，如农田、水体和森林等对其质量的相互作用和影响，这将有助于科学地规划和决策。

第二节　环境质量评价的生态学方法

一、评价环境质量的生态学指标

环境质量的生态评价，是根据生物与环境之间的相互关系，对环境质量进行评价。环境因子的差异，或环境因子的变化（如污染），必然会影响到生物个体、群体以至整个生态系统结构、功能和外貌特征，所以，生物个体、种群、群落和生态系统在结构、功能和外貌等方面的特征和变化情况可反映各环境因子的生态效应。环境质量的生态评价以此为根据，即采用生态学的方法，选择评价指标。

在进行评价时，需要从生态因子的关系及变化中，选取可以标度整个环境系统或生态系统质的改变的参变量。任何生态系统都有其结构的时空变化，如群落结构、营养结构、优势种群的内部结构等；有它所特有的能量过程，如初级生产力、各营养级能量转化、系统内的能量积累、种群生物量等；因此，还有生态系统的其他效应，特别是对人类生存所需要的效应，如植被的释氧效应、固定光能的效应、吸收 CO_2 的效应、蛋白质生产和累积效应等；对于受污染的生态系统，还包括污染物在生态系统内的迁移、积累、富集，以及生态系统对污染的抵抗能力等。

由于生态系统由生物群落和非生物环境所组成，所以，采用生态学方法来评价环境质量，除选用一些生物学参数，还可选用生境参数作为评价指标。生物学参数包括生物，特别是植物的生长量、生物量、生产力、物种多样性等生态系统或群落指标。生境指标可包括土壤（有机质贮量、土壤水贮量）、水分（降水量、径流、蒸发量、湿度等）、温度（积温、极端温度等）、光（太阳辐射能、日照时数）、地形（海拔、坡度等），以及生物对环境的适应和反应。这些参数的综合，可作为一个区域与生物容量密切相关的环境质量的标志。当然，不同的评价目的，如污染环境的质量评价、自然生态环境的质量评价、生物的环境质量评价，应遵循生态学原则，选择不同的评价参数或指标。

二、生境指标

非生物环境因子及其时空变化都具有重要的生态意义，生物对这些因子的耐性、适应性及生态类型等都可作为生境指标。

由于生态系统的复杂性，确定生境指标有时会很困难。例如，生物对环境中污染物的反应就具有很大的不确定性,这是因为:①污染的发生总是综合性的,各种污染物对生态系统各组分并非产生同样的影响,同样,生态系统各组分也并非对同一污染物产生同等的反应;②生物在不同生活史阶段的反应不同;③系统受污染后的效应往往在初期不易测出。由于生物生长过程比较复杂,影响因素多,使生物监测的应用受到许多限制。加上影响生物学过程的不仅仅是环境污染,还有许多非污染因素。所以,生境指标的应用还受到一定的限制。以下将以污染为主的生境因子的生物评价指标分述如下:

(一)大气污染的生物评价指标

由于植物对大气污染反应敏感,以及植物位置固定、管理方便等特点,大气污染的植物监测已得到广泛应用。而动物监测目前尚未形成一套完整的监测方法。所以,可根据植物对大气污染的反应,监测大气中有害气体的成分和含量,以了解大气环境质量状况。在生物监测的基础上,可进行大气环境质量的生物评价。例如,大气污染的综合生态指标,就是根据植物种类和生长情况选择一些综合性的指标作为评价因子,仔细观察记录这些评价因子的特征,以此划分大气污染等级。

又如,污染量指数法(IP)是通过分析叶片中污染物含量,监测大气污染,评价大气质量的一种方法,在大气污染的生态监测中已作介绍。

也有将微生物学指标应用于评价空气质量。可用细菌总数和链球菌总数来评价空气微生物污染状况。但目前对于空气中微生物数量的标准尚无正式的规定。可参考空气污染的生态监测中空气微生物污染的评价指标。

(二)水环境质量的生物评价指标

水生生物与它们生存的水环境是相互依存、相互影响的统一体。水体受到污染后,对生存于其中的生物产生影响,生物也对此做出不同的反应和变化,其反应和变化是水环境评价的良好指标,这是水环境质量生物学评价的基本依据和原理。生物体内污染物的残留量和富集系数,从一个方面体现了生物对环境的适应和反应。

(三)土壤环境的生物评价指标

土壤被污染,主要是土壤引起了生物的某种反应。所以,可根据生物的情况,来判断土壤污染。

1. 植物反应

常根据植物(林木与林下植物)的叶片长势和产品品质来衡量土壤污染状况。例如,砷污染的土壤,其生长的植物首先表现新"功能叶",继而阻止植物根部与顶端的生长。桃受砷毒害,最易使叶边缘由褐变红,以后扩散到叶脉间,叶面上死组织脱落,好像射孔;砷害严重时,果实产量下降,果实变小收缩。银污染的土壤所生长的植物,最初没有表现,以后叶片才失绿,与缺铁相似。柑橘受砷毒害,与缺锌相似,较严重时,整个植株死亡。

2,残留量与累积量

利用植物的重金属累积量(C_p)和农药残留量(R_p),或者分别用它们与土壤中重金属累积量(C_s)和农药残留量(R_s)之比,即为 C_p/C_s 或 R_p/R_s;或用植物对重金属或农药的吸收率(吸收能力)作为土壤质量评价指标(但需注意:同一土壤中,不同植物对重金属与农药吸收和累积的能力不一样,同一树种的不同部位累积或残留的重金属、农药量也不同)。

评定不同土壤的污染程度,需采用同一作物,将同一作物部位的重金属累积量以及农药残留量进行比较。

3. 杀菌度(B)

土壤中重金属和农药对土壤微生物有杀伤作用。根据杀菌度(B)可评定土壤污染的程度。

(四)生物标志物

近年来,环境中化学污染物所导致的生物体内的生物化学和生理学改变越来越多地被运用于监测和评价化学污染物的暴露及其效应。许多环境科学家把这些生物化学和生理学改变称之为生物标志物。有人将这一术语泛指在任何生物学水平上用于测定污染物暴露和效应的指标,包括亚个体、个体、种群、群落和生态系统等。但目前普遍赞成应用的生物标志物的概念是指动物、植物和微生物在亚个体和个体水平上既可以测定污染物暴露水平,也可以测定污染物效应的生理和生化指标。

生物标志物种类很多,其分类有多种方法。应用最广的是将其分为暴露生物标志物和效应生物标志物。暴露生物标志物指示化学污染物在生物有机体内的暴露,但不显示发生这种变化所造成的不利效应的程度,如污染化学物在体内的代谢产物及其浓度。效应生物标志物可以证明化学污染物对机体的不利效应,如使乙酰胆碱酯受抑制。因此,有些标志物既是暴露标志物,也是效应生物标志物,如 DNA 加合物,因为 DNA 加合物的形成既表明生物对遗传毒物的暴露,也表明可能导致的不利效应。

生物标志物的特异性差异很大。高度特异性和非特异性生物标志物在化学品危害的监测和评价中都有应用价值。例如,血色素合成中的氨基乙酰丙酸脱氢酶(ALAD)仅被铅抑制,是特异性高的生物标志物,采集水鸟血样测定 ALAD 活性,可以确定水鸟受铅毒害的状况,但不能反映任何其他污染物存在的信息。乙酰胆碱酯酶(AChE)特异地受有机磷和氨基甲酸酯农药的抑制。在大脑中这种酶受抑制可导致死亡,这比测定农药残留简单、可靠。测定农药残留常有困难,因为这些农药在体内很快分解,但要确定是哪一种农药引起的反应,必须进行化学分析。混合功能氧化酶的诱导可由多种化学品引起,尽管它的特异性不强,但还是一种机体受有机污染物影响的有效指标。

监测和评价的目的之一是要在最早期阶段发现污染物的危害。利用污染物导致个体水平上变化(如死亡)和种群、群落水平上的改变(如种群消失)监测污染,这些改变是污染物造成的晚期影响,这样的监测为时已晚。而生物标志物是污染物作用于生物机体的早期反应,应用其进行监测能在最早期阶段发现污染物的危害,起到"预警"系统的作用。由于生物化学反应和生理作用在不同种之间具有相似性,以一个物种的生物标志物的测定结果,来预测污染物对另一个物种的影响更加准确和精确，可以应用低等物种来预测高等物种，甚至人群。例如，乙酰胆碱酯酶的抑制，在低等和高等动物神经传导过程中，乙酰胆碱酯酶的作用方式和生理功能基本类同，所以，可以以一个物种的乙酰胆碱酯酶的抑制预测有机磷农药对每一个物种的影响。但如果以死亡率指标来预测，则在种间存在很大差异。生物标志物在环境监测和评价中还可以反映在特定环境中的生物体在生理上是否正常，这与人类医学上的临床生化测定法的应用相似，可反映个体是否健康和是否恢复到正常，起到环境诊断作用。

三、种群或群落指标

根据对评价区域生物的区系组成、种类和物种多样性、种群年龄结构、生态分布、群落结构特征、资源情况等特征的调查和描述，选择恰当的评价指标。

建群种指标是一个重要的群落指标。目前，一般以建群种的密度、多度、百分比、平均高度、总生物生产量等若干指标来刻画群种水平，取其中一种或多种指标作为衡量环境质量，包括生态质量的一个标度。如生态质量以顶极群落时的密度、多度等为1，以群落初始状态时为0，经过科学分析比较，给出科学的相对划分的阶段。

在评价生态系统时，多样性的概念已得到广泛的应用。因为物种多样性与稳定性有统计相关性，所以生态系统的评价常考虑物种的多样性。而稳定性是指生态系统在受到外界压力后恢复到平衡的能力。生态系统的多样性程度高，物种间的相互关系就会很复杂，对于调节外界压力有许多可选择的途径，这些也许是稳定性与多样性相关的原因。尽管大量的数据表明稳定性与多样性的相关性，但这种因果关系是否存在却仍有众多争论，但物种多样性在环境影响的生物评价中仍得到高度的重视。

稀有物种与物种多样性有关。但是，稀有物种本身已逐渐作为生物评价的一个指标，并具有相当重要的地位。保护稀有物种和生境的理由，一是关系到生态系统对气候及其他环境因子变化的应变能力。物种中"遗传变异性"越大，物种范围内的遗传模式也就越多，能够忍受剧烈环境变化的可能性也就越大。另一理由是，至今尚不清楚数百万种动植物在将来潜在的实际价值。

稀有物种及所在的生境在娱乐、教育和科学等方面的价值已得到充分证实。保护稀有物种和生境在保持生态系统完整性方面有时具有间接的，但却是重要的作用。生态系统中一个独特物种的消失，也许暂时不会造成严重影响，但要预示其后果常常是不可能的。生态系统中消失的物种越多，其功能被严重削弱的可能性也就越大。据研究表明，在最近的2000年中，已经灭绝的全部物种中，一半以上是在过去数十年发生的；一部分是污染所致，主要原因是缺少适宜的环境。

群落结构指标包括种群内部组成、种之间的百分比、种的数量等等。如果以这些指标作为度量生态质量的一个或几个标度时，同样也必须进行归一化处理，确定最大最小基准值，然后再划分等级。

（一）生境评价的群落学方法

在评价一个生境对一个特定动物物种的适宜性，可以通过分析区域植物特征及各种物理和化学特征来确定。生境适应性与生物学上的承载能力概念相联系。这里的承载能力是指某一区域所能维持某种物种的最多个体数。生态评价要求"评价生境条件的改变是怎样影响一个地区对某物种的潜在维持能力。但提供一个适宜的生境本身并不能保证物种以最大可能的密度水平发展。"生境评价的程序大致如下：

第一步，评价范围的确定。既可以是陆地群落所在地，如草地和常绿灌木林地；也可是具有一定物理化学性质的区域。然后再根据经济和生态方面的考虑来选定"评价物种"。例如，某物种因为在娱乐性钓鱼和狩猎方面有极高的价值，或因为它在生态系统活动中起着关键作用，都可以选作"评价物种"，还可包括几种不同的物种。

第二步，基准生境或背景值的选择。在特定项目实施前，在一定区域内土地和水等的使用未发生改变时的生境特征，可作为基准生境或背景值。生境的影响评价则要预测将来的状况，即在特定项目作用下最可能出现的未来生境情况。

第三步，生境单位（HUS）的计算。生境单位是以土地面积乘以生境适宜性指标（HUJ）来计算的。生境适宜性指标是根据生境条件的描述和最优生境的概念来计算的。最优生境定义为维持某种评价物种最大密度的生境。对任一特定物种，其基准生境条件下的生境适宜性指标，等于基准生境条件除以最佳条件。在影响评价中，对各种未来条件下的生境适宜性指标值可以用类似的计算来确定。生境适宜性指标为1，表明该生境对该物种是理想的，相反，生境适宜性指标为0时，则表示完全不适宜。

如何计算生境适宜性指数和生境单位，可举例说明如下。渔业和野生动物部门曾将红尾鹰作为评价物种，在对已有科学资料分析的基础上，在确定作为红尾鹰生境地的草地的适宜性时，起着最重要作用的是下面3个变量：

V_1——草本植物的覆盖百分数；

V_2——76.2~457.2mm 高的草本植物覆盖百分数；

V_3——每 0.405hm² 胸高处直径大于或等于 254mm 的树木数。

用群落学方法进行生境评价的不足之处在于，物种定向显得狭小，不能很好地反映物种多样性和生态结构及其功能。然而生境评价采用的许多数学关系式并不具有科学严谨性，如在实际中的适宜性指数曲线经常表示的是渔业和野生生物专家的定性判断。尽管存在这些不足，生境评价提供了组织有关生境适宜性方面的科学资料的方法，并用于资源环境的规划中。

（二）水质评价的群落学方法

1. 指示生物法

指示生物是指环境中对某些物质（包括进入环境中的污染物）能产生各种反应或信息，而被用来监测和评价环境质量的现状和变化的生物。根据对水环境中有机污染物或某种特定污染物敏感的或有较高耐受性的生物种类的存在或缺失，来指示其所在水体或河段内有机物或某种特定污染物的多寡或分解程度，即指示生物法，这是最经典的生物学评价水质的方法。最好是选择生命周期长，比较固定生活于某处的生物作为指示生物，它们能在较长时间内反映所在地的综合环境。在静水中，一般选用底栖动物或浮游动物，在流水中则主要选取底栖生物和着生生物，鱼类也可作为指示生物。大型无脊椎动物符合指示生物的要求，一般体型较大，肉眼可见，较易采集和鉴定，通常是应用较多的指示生物。它们中的大多数种运动能力不强，常固定生活于某处，种类数量多、分布广；它们不仅可以反映水体中水质的状况，也能反映沉积物的质量状况。水体严重污染可用颤蚓类、毛嫁、细长摇蚊幼虫、绿色裸藻、静裸藻、小颤藻等作为指示生物；中等污染的指示生物有居栉水虱、被甲栅藻、四角盘星藻、环绿藻、脆弱刚毛藻、蜂巢席藻和美洲眼子草等；水体清洁的指示生物是纹石蚕、扁蜉和蜻蜓的稚虫及田螺、时状针杆藻和簇生竹枝藻等。

在不同属或不同种的某一类水生物中，多数对某种污染的敏感或耐受程度较相似，但是要应用指示生物法更精确地评价水质，最好将所用指示生物鉴定到种，因每一大类中各种不同生物对污染的敏感或耐受程度并不完全相同。各种水生生物虽然有一定的适应范围，但其种类和数量的分布不单纯决定于污染，其他环境条件如地理、气候以及河流的底质、流速等对水生生物生存和分布也有影响。

2. 污水生物系统

克尔威茨（Kolkwitz）和马森（Marsson）在 1908 年和 1909 年提出了污水生物系统，在进行水污染的生物监测和评价中起了重要作用。他们在调查后发现，由于受河流自净过程的影响，从污染河段起自上游往下游形成一系列在污染程度上逐渐减轻的连续带，每一带都生存有大体上能够表示这一带特性的动物和植物。从而可以根据一条河流中一定区域内所发现的动物区系和植物区系来鉴别该区域的有机物污染程度。按污染程度，该系统将河流分为多污带（严重污染的河段）、中污带（中等污染的河段，又分 α- 中污带和 B- 中污带）、寡污带（有机物全部被分解自净的河段）。

虽然该系统主要凭调查者经验，根据动植物种类来推断污染程度，而缺乏严格的定量分析数据，但由于简单易行，确实能说明问题，迄今仍被广泛地应用。主要应用对象是被生活污水污染的水域，在重金属和其他工业污水引起的污染水域的应用问题尚需进一步研究。

3. 生物指数

评价水质用的生物指数主要是依据不利环境因素，如各种污染物对群落结构的影响，用数学形式来表现群落结构以指示环境质量状况，包括污染在内的水质变化对生物群落的生态学效应，主要有 6 个方面的指标：①指示生物，如对某种污染物敏感或有耐受性的种类的出现或消失，导致群落结构的种类组成变化；②群落中生物种类数在污染加重的条件下减少，在水质较好的情况下增加，但水质过于清洁的条件下由于食物缺乏也会导致种类数的减少；③组成群落的个别种群变化（如数量变化等）；④群落种类组成比例的变化；⑤自养—异养程度上的变化；⑥生产力的变化（又可作为生态系统功能指标）。

　　每种生物指数仅能反映上述 6 项中的某几种信息,所以最好用几种不同的生物指数进行综合评价。

　　(1)培克生物指数:该指数在第八章中已作介绍。以这种方法计算生物指数,要求调查采集的各监测点的环境因素力求一致,如水深、流速、底质、有无水草等。Beck 生物指数大于 10 时为净水;指数 1~10 为中等污染;指数等于 0 为重污染。

　　(2)硅藻生物指数:用河流中的硅藻的种类数计算生物指数,其计算公式为:

$$I=(2A+B-2C/A+B-C)\times 100$$

　　式中:

　　A——不耐污的种类数;

　　B—对有机污染无所谓的种类数;

　　C——在污染区内独有的种类数。

　　(3)颤蚓类—底栖动物生物指数:用颤蚓类与全部底栖动物个体数量的比例作为生物指数。

$$I=颤蚓类个体数 / 底栖类动物个体数 \times 100$$

　　(4)水生昆虫与寡毛类湿重的比值:由金(King)和鲍尔(BaH)(1964)提出,作为生物指数来评价水质。这种方法无需将生物鉴定到种,仅将底栖动物中昆虫和寡毛类检出,分别称重,按下式计算:

$$I=昆虫湿重 / 寡毛虫湿重 \times 100$$

　　I 值越小,表示污染越严重;反之,表示水质越清洁。

　　(5)特伦特(Trent)生物指数:是一种经验指数,按调查所得样本中大型底栖无脊椎动物的类群总数,以及属于 6 类关键性生物类群的种类数,来确定其生物指数。自上而下所列无脊椎动物种类随污染程度增加而减少以至消失的顺序排列,生物指数值的范围从 10(清洁水)随污染程度的增加而下降,直到 0(水质污染严重)。这一方法中的生物类群鉴定并不要求——鉴定到种,仅需统计种的数目。

　　(6)钱勒(Chandler)计分系统:钱勒依据种类和多度随水质恶化而减少以至消失的次序来计分。多度分成 5 个级别,即每 5 个最小样本中个体数 1~2 个为出现,3~4 个为少有,11~50 个为普遍,51~100 个为多,超过 100 个为非常多;对污染敏感性高的种类群记分多,耐污性强的记分少。钱勒列出一个不同种类的详细记分表,然后计算调查地点内各类群生物的总分 C 总分为 0,没有大型无脊椎动物,表示严重污染;45~300 为中等污染;300 以上为轻度污染。总分越高表示污染越轻。

　　(7)污染评价均值:依据底栖生物群落的定性和定量资料计算污染评价均值,这是捷克的泽林卡马文于 1961 年首先提出的一种方法。各种生物的污染价表示它们在不同污染带内出现的相对频数,但它并非表示在各不同污染带内的个体数,仅表示该种生物指标各污染等级的相对重要性。无论哪一种生物,其污染价的总和均为 10。一种生物的污染价越是分散在各污染带,则它作为污染指标的价值就越低;相反,污染价越是集中在一个污染带内,则它作为污染指标的价值就越高。因此,他们又给每种生物一个个体污染指示价,其值最高为 5,最低为 1,值越大则表示其作为污染指标的价值越高。

对水体污染等级的划分根据一个调查地点生物的定性定量资料,再参照每一个种的污染价及个体污染指示价按下列公式计算调查地点各污染带的污染评价均值。

4. 种的多样性指数

多样性指数是生物群落中种类与个体数的比值。在正常水体中,群落的结构相对稳定,水体受到污染后,群落中敏感种类减少,而耐污种类的个数则大大增加,污染程度不同,生物群落变化也不同。所以,可以用多样性指数来反映水体污染状况,为水质评价提供一种新的方法,常用的多样性指数有以下几种。

(1)香农——韦弗(Shannon-Weaver)多样性指数 H': H' 值在 0~1 时为重污染,1~3 时为中度污染,> 3 时为轻污染至无污染。

(2)辛普森(Simpson)多样性指数 D; D 值越大,表示污染越轻。

(3)格利森(Gleason)和马格列夫(Margalef)多样性指数。

(4)凯恩斯(Cairns)连续比较指数。

连续比较指数是凯恩斯(Cairns)在 1968 年为非生物学工作者在河流污染研究中估计生物多样性的相对差异性而提出的一个简化方法。以组数除以标本个体数,这里的组数并非生物学上的种或属数,而是镜检时,从左至右或从上向下将相邻个体加以比较,只要相邻两个体形态相同均为一组,形态不一定按生物特征来细分。如果相同的另一组个体为一不相同的个体所隔,又看到与前一组相同的个体,则认为另一组。如此连续比较 200 个个体,即可算出组数。一般认为多样性指数小于 1 为重污染带;1~3 为污染带;大于 3 为寡污带。

四、生态系统结构和功能指标

包括生态系统的营养结构,初级生产力,各营养级的能量、吸收、转化、积累及生产力,生物量等;进入或作用于生态系统的异常因子的迁移、积累、富集等,以及生态系统对于这些因素作用的抵抗能力、生态系统稳定性等。

在一定的时间区间和空间范围内,生态系统总具有综合的相对稳定的特性,这种综合性往往与特定的食物网有着不可分割的联系,形成复杂的网络。这个网络具有相对稳定的组成成分,各组分之间有着一定数量比例,能量与物质在网络中年复一年地传递和循环等固有特性。这个网络的固有特性如果可以度量时,它应该具有量的特征,呈不断变化状态。精细考察它是不可确定的,但是经过统计研究后,可以定量地分析,并确定其相对稳定性,从而可以度量它。

生产力是反映一个生态系统内物质循环和能量流动的一个指标。分析生态系统中生物种群或群落的物质代谢及能量流动的动态,以有机物的生产过程和分解过程的强度为依据评价环境质量,是生态学常用的方法,如水体被污染的程度,常有以下几种方法:

（1）P/R 值：根据群落的初级生产量 P 和呼吸量 R 的比率划分污染等级。P/R 值在水质正常时一般为 1 左右，如偏离过大，则表明受到污染；在自寡污带至中污带这一阶段，随有机污染程度的提高，外来有机物增多并被矿化，初级生产量随之提高，P/R 值也随之增大，至 α - 中污带达最高；以后有机物污染程度继续提高，P 值反而下降，直到严重污染时降至 0。

（2）自养指数（IAI）：

IAI= 去灰分重（mg/m³）/ 叶绿素（mg/m³）

IAI 在 50~100 表示所在水体未受污染，大于 100 则表示受到污染。

第三节 环境质量现状的生态评价

一、环境质量现状的生态评价基准与标准

（一）生态评价的基准与刻度

研究一个物理系统时，有时必须确定其初始状态，才能比较物理量的变化。进行生态评价时，经常要给出初始状态，以确定其质量的基准。一般的基准值，都是以 0 或 1 表示。这里的 0、1 是最小基准值。最大基准值可根据实际情况或人们的需要而定，也可借助于概率论上的概念，取 0 为最小基准值，取 1 为最大基准值。

按照前述的生态学方法，需要从多方面选取标定环境质量的生态参数或参数。即通常所说的确立指标体系。这种体系可能仅含一个参量序列，也可能需要多个参量序列。若是后者，就有一个如何由多个参量来决定环境质量基准值的问题。

如果环境质量为 0，则必然是由 N 个参量皆与 0 有关；或至少有一个参量 A 为 0，且其他参量与 A 有相乘的关系。

这里所说的最小基准值 0，或最大基准值 1，是一个相对标度。分析者为了某一目的，首先选取初始状态。可定义初始状态的所有参量的值为 0 或 1，然后再确定终极状态值为 1 或 0。在此基础上，可以进一步划分环境质量的刻度。

如生态环境质量的刻度，是将生态环境质量的极大值 1 与最小值 0 之间划分为若干个状态，每个状态可习惯性地称其为一个刻度。

（二）生态评价的标准

生态评价的对象是生态系统。由于生态系统不同于大气和水那样的均匀介质和单一体系，是一种类型和结构多样性很高，地域性特别强的复杂系统。所以评价的标准体系不仅复杂，而且因地而异。

评价时是分层次进行的，评价标准也是根据需要分层次决定的，即系统整体评价有整体评价的标准，单因子评价有单因子评价的标准。

目前除国家已制定的标准和行业规范与设计标准之外,生态评价的标准大多数尚处于探索阶段。

1. 标准来源

可参考下列水资源保护或开发建设的项目的评价标准:

(1)国家、行业和地方规定的标准。国家已颁布的环境质量标准如农田灌溉水质标准(GB5802—92)、保护农作物大气污染物最高允许浓度(GB9137—88)、农药安全使用标准(GB4285—89)、粮食卫生标准(GB2715-81)、渔业水质标准(GBII607—89)等,以及地面水、生活饮用水、海水水质标准等。

行业标准指行业发布的环境评价规范、规定、设计要求等。

地方政府颁布的标准和规划区目标,河流水系保护要求,特别地域的保护要求,如绿化率要求,水土流失防治要求等,均是可选择的评价标准。

(2)背景或本底标准。以评价区域的环境背景值或本底值作为评价标准,如区域植被覆盖率,区域水土流失本底值等。有时,亦可选取建设项目实施前所在地的生态环境背景值作为评价标准,如植被覆盖率、生物量、生物种丰度和生物多样性等。

(3)类比标准。以未受人类严重干扰的相似生态环境或以相似自然条件下的原始自然生态系统作为类比标准;以类似条件的生态因子和功能作为类比标准,如类似条件的生物多样性、植被覆盖率、蓄水功能、防风固沙能力等。

(4)科学研究已判定的生态效应。通过当地或相似条件下科学研究以判定的保障生态安全的绿化率要求,污染物在生物体内的最高允许量,特别敏感生物的环境质量要求等,亦可作为生态评价中的参考标准。

2. 选取评价指标值的基本原则

(1)可计量。能通过数量化指标反映生态系统结构或其环境功能。

(2)先进性或超前性。特别是能满足区域可持续发展对生态环境的要求。例如,选取区域背景绿化率作指标时,应考虑未来的环境功能需求,在植被覆盖率不高而生态环境质量较差或在生态脆弱地区,其指标值应高于背景值。

(3)地域性。生态系统的地域性特征使得生态环境质量评价不宜采取统一的标准或指标值,而应根据地域特点科学地选取。如山区的植被覆盖率应当高于平原区,才能有效地防止水土流失。

3. 标准的应用问题。

在生态评价中,所有能反映生态系统功能和表征生态因子状态的标准及其指标值,可以直接用作判别基准;大量反映生态系统结构和运行状态的指标,有时尚需借助一些相关关系经适当计算而转化为反映环境功能的指标,方可作判别标准。例如,植被覆盖率可直接用于生态环境优劣的判别,亦可用于计算水土保持功能。在综合评价中,还常常需要选取一组指标进行量化比较,由类比对象(或本底)得到的综合指标值就可与其作比较,以评价环境的现状或变化趋势的好与坏。

二、环境质量现状的生态评价指标体系

生态评价是根据合理的指标体系和质量标准,运用恰当的生态学方法,评价某区域环境质量的优劣及其影响作用关系。如果依据的是系统现状的生态系统信息,则为生态现状评价;如果应用了生态环境变化的预测信息进行评价,则为生态预断评价;如果目标是评价环境质量变化与工程对象的作用影响关系,则可称为生态影响评价。

无论哪种生态评价,对生态系统的评估指标体系以及环境质量的生态学量化描述都是标准。它需要比较详细对构成生态系统的因子和体系结构的了解与必要的实验以及调查研究。

为了说明有关概念和方法,下面以西北地区生态环境质量评价指标体系选择问题为例:

1. 选择指标体系的原则

能够反映对生态环境影响的因子集,特别是能反映生态环境质量最主要的方面及特点;既能作单项分析,又便于综合分析;有反映生态系统变化的指标;数据便于获取,概念比较直观,易操作。

2. 指标体系的建立

西北地区的生态系统一般有高原山区、河湖、林木植被、草场、人工灌区及人类居住区、荒漠或沙漠区等类型。其中,所有的生物(林木植被、草场植被、人工灌区农作物、动物和人类)都直接与水资源的供给和气候地理环境联系,其生态环境质量是通过生物与环境综合作用的后果(输出)反映的。例如,目前西北地区存在的主要生态环境问题有:①山区森林资源消耗量大于生产量;②平原荒漠林与河谷林锐减;③草场退化;④河流萎缩,湖泊干涸或湖面缩小;⑤沙漠化加剧;⑥水土流失;⑦农田用地失调,肥力下降,土壤次生盐渍化严重。

这些环境问题可作为衡量生态系统质量的说明与判别标准。导致生态环境质量发生变化有多种原因。例如,自然原因有地理与气候条件、水文水资源供给状况等。人为的原因有人类活动耗水量的增加、城镇工农业开发、排污量的增加等。

所以,西北地区生态环境评价指标体系由生物变化因子集体系(如森林植被、草场等)、环境及制约因子集体系(如水资源、气候等)、后果变量因子集体系(如草场退化、土地沙漠化等)3部分组成。

在确定好生态环境评价指标体系后,针对具体的研究对象,划分每个分区系统的生态环境评价指标体系,如高原山区生态环境评价指标体系、河湖生态环境评价指标体系、自然绿洲生态环境评价指标体系、荒漠区生态环境评价指标体系。因此,进行西北地区的大系统生态环境评价的综合,这是个典型的大系统分析评价问题。

三、环境质量现状的生态评价内容

现状评价是将生态分析得到的重要信息进行量化,定量或比较精细地描述生态环境的

质量状况和存在的问题。生态现状评价一般按两个层次进行评价：一是生态系统层次上的整体质量评价；二是生态因子层次上的因子状况评价。这两个层次上的评价都是各由若干指标表征的。环境质量现状的生态评价的主要内容如下：

（一）生态因子现状评价

一般评价内容是：

1. 植被

应阐明植被的类型、分布、面积和覆盖率、历史变迁及原因、植物群系及优势植物种等，植被的主要环境功能，珍稀植物的种类、分布及存在的问题等。

植被现状评价应以植被现状图表述。

2. 动物

应阐明野生动物生境现状，破坏与干扰，野生动物种类、数量、分布特点，珍稀动物种类与分布等。动物的有关信息可从动物地理区划资料、动物资源收获（如皮毛收购）、实地考察与走访、调查，从生境与动物习性相关性等获得。

3. 土壤

应阐明土壤的成土母质，形成过程，理化性质，土壤类型、性状与质量（有机质含量，全氮、有效磷、钾含量，并与选定标准比较以评定优劣），物质循环速度，上填厚度与容重，受外界环境影响（淋溶、侵蚀）以及土壤生物丰度、保水蓄水性能和土壤碳氮比（保肥能力）等以及污染程度。

4. 水济源评价

分地面水和地下水评价，内容主要是水质和水量两个方面。水质评价是污染性评价的主要内容之一。生态评价中水环境的评价也有两个方面：一是评价水的资源量，如供需平衡、用水竞争状况和生态用水需求等；二是与水质和水量都有紧密联系的水生生态评价。在有养殖和捕鱼业，以及珍稀水生生物的水环境评价中，水生生态状况的评价尤其必要。

（二）生态系统结构与功能评价

不同类型的生态系统很难进行结构上的优劣比较，但可借助于生态制图，并辅之以文字描述，阐明生态系统结构和运行状况，亦可借助于景观生态学的评价方法进行结构描述，还可通过类比分析定性地认识系统的结构是否受影响等。

生态系统功能可以定量或半定量地评价。例如生物量、植被生产力和种群量都可定量地表达；生物多样性亦可量化和比较。运用综合评价方法，进行层次分析，设定指标和赋值，可以综合地评价生态系统的整体结构和功能；许多研究还揭示了诸如森林覆盖率（或城市绿化率）与气候的相关关系，利用这些信息亦可评价生态系统的功能等。

（三）区域生态环境问题评价

一般区域生态环境问题是指水土流失、沙漠化、自然灾害和污染危害等等。这类问题亦可以进行定性与定量相结合的方法来评价。用通用土壤流失方程可计算工程建设导致的水土流失量；用侵蚀模数、水土流失面积和土壤流失量指标，可定量地评价区域的水土流失状况；测定流动沙丘、半固定沙丘和固定沙丘的相对比例，辅助以荒漠化指示生物的出现和盖度，可以半定量评价土地沙漠化程度；通过类比，可以定性地评价生态系统防灾减灾功能（如削减洪水，防止海岸侵蚀，防止泥石流、滑坡等地质灾害）。

（四）生态资源评价

无论是水土资源还是动植物资源，因其巨大的经济学意义，一般都有相应的经济学评价指标。例如，土地资源需进行分类，阐明其适宜性和限制性，现状利用情况以及开发利用潜力；耕地分为等级，并可用历年的粮食产量来衡量其质量，评价中应阐明其肥力、通透性、利用情况、水利设施、抗洪涝能力、主要受到的灾害威胁等；草原可根据其产草量和可利用性，定量地分为8等24级。木材、药材、建材等动植物资源，亦有相应的经济计量方法。一般而言，环境质量高，其资源的生产率亦高，经济价值相应也高。因此，有些生态经济学方法也可引入到环境评价中。

四、环境质量现状的生态评价实例

（一）森林环境质量的生态评价

由森林所构成的生态系统，其环境比其他任何生态系统都复杂得多。森林生态系统的结构时空变化非常大，如在空间上，树高可达数十米，根系达地下数米至30多米深；在时间上，有的树种与群落可以生活数百年。森林又有最多的层次结构与复杂的成分和年龄结构，因而森林生态系统内的营养结构也最为复杂，系统内的能量积累、初级生产力都很大，生物量比任何生态系统都大。由于森林的种群与群落演替十分显著，森林生态环境随森林生态系统的结构变化而发生很大的改变，因而测定起来更为困难。

1. 参量的选择及其数量表征

应从森林生态系统本身的生命成分中选取可以标度整个系统质的改变的参变量，如属于生态系统结构方面的营养结构、群落结构，甚至涉及优势种或建群种的种群结构，种群年龄结构等；属于能量过程的初级生产力、各级能量转化和能量积累、总的生产力、生物量等。另外，进入或作用于生态系统的异常因子的迁移、积累、富集，以及生态系统对于这些因素的抵抗能力也是必须考虑的。在具体地对一个森林生态系统的状况进行质量分析时，应考虑群落结构，主要树种的年龄结构，上层立木、林下植物（灌木、草本、低等植物）的单位面积生物量，建群种的年生长量，汞、铜、锌、硫、酚等元素在优势树种与优势下木、草本中的含量，建群种的最大环境容纳量等几个方面。这几个方面各为一个生态参量，然后将这些生态参量综合在一起刻画生态质量。

2. 森林的环境质量评价模型

由于生态组分的多样性，加之生态环境质量的研究文献较少，目前，很难确定一个具有普遍性能的评价模型。在这里只选取一个较为有意义的模型作为评价的例子。

所选的模型是一个物理模型，1945年马尔萨斯将此模型用于生态格局的分析。该模型是刻画 n 维空间的位置的，它同要评价的生态环境质量有相似的形式。如果从生态指标中选取 n 个参量，则参量变化过程，也是生态环境质量值的空间位置。

假如，选取5个参量，分别记为 P、I、M、Z、K，生态环境质量与参量的关系有着质的内在联系，每个参量的数值变化都可以在一定程度或某个角度标明生态环境质量状况，于是生态环境质量 Q 与5个参量之间有如下关系：

$$Q=\phi（P,I,M,Z,K）$$

如果给出或找到"3"的表达形式，则 a 就可以给予评价。

这里选取的是 H 维空间内点的位置模型，其函数形式可用点到原点的距离来表示。例如一阔叶红松林的生态环境质量，可以主要选取群落结构、主要树种和年龄结构、群落中的下木、草本、微生物的单位面积上的生物量，汞、铜、锌、酚等在8个有代表性的树种体内的含量，主要树种环境最大容纳量等5个方面，各为一个生态参数，综合在一起刻画阔叶红松林的生态环境质量。即：

$$Q=\phi（P,I,M,Z,K）$$

式中，P——森林群落结构参数；

I——主要树种的年龄结构参数；

M——单位面积上的生物量；

Z——对污染物的稳定度；

K——主要树种的最大容纳量；

Q——森林生态环境质量。

（二）水体环境质量的生态评价

上述模型形式也同样适用于水体环境质量的生态评价。例如，在对松花江环境质量进行评价中，选取的生态学指标有：群落结构；主要经济鱼的年龄结构；水体中浮游生物，底栖生物、鱼类资源的单位空间生物总量（湿重）；汞、铜、锌、酚等在8种较有代表性的生物体内的含量；主要经济鱼类环境最大容纳量等5个方面。综合这5个生态参量，评价水体环境质量，即：

$$Q=\phi（P,I,M,Z,K）$$

式中，P——群落结构参数；

I——经济鱼类的年龄结构参数；

M—单位空间生物量；

Z—对污染物的稳定度；

K—经济鱼类的最大容量。

1.群落结构

选取赫尔格特于1971年所建议的描述群落结构水平的生态指数，又称种间相遇概率

（PIE），作为环境质量的一个生态参变量，即群落结构参数。P 在群落内种的多样性，种得多度及种间数量的均匀度增加时，反应灵敏，并与所确定的生态环境质量 Q 的取向是相同的。

2. 种群年龄结构

由于年龄结构的分析是一项十分繁杂的工作，不是所有种群的年龄结构都是易于确定的，所以只选择主要经济种类的种群年龄结构作指标。生存条件良好者，有较强的后备群与更新能力，并有较强的生存寿命。

3. 稳定度

选取江中耐污染的鲫鱼、对污染敏感的鲢鱼、底栖的蚌和螺以及浮游生物剑水蚤等生物体所含的汞、铜、锌、酚等 4 种污染物，将其作为一个多种污染因子作用的多种生态要素的系统，以每一种毒物（如锌）在 4 种生物体内的残毒为一个组合。自哈达湾至松江村，生态稳定度逐步上升，表明污染状况逐步减轻，到王家站稳定度有明显下降，表明污染量增加，这为第二松花江主要支流带来了新的污染物质。

4. 单位空间的生物量

以江体中单位立方米（底栖动物按平方米计）的生物量（湿重），作为标度生态环境质量的一个参数。

5. 种群最大容纳量

种群最大容量，反映种群最大限度利用环境的能力。通常以 Logistic 方程中的 K 值表示环境对种群的最大容量，因此可选取 K 值作为衡量环境因子对生态系统总的制约与促进作用的尺度，其中包括降雨、气温、光照；江水流量、流速、温度等；人类活动；捕捞适度或过度、森林砍伐或培育等；工业污染对江水的作用及江中水体的自净能力等等对生态系统的影响。

第四节　环境影响的生态评价

一、环境影响评价与环境影响的生态评价

环境影响评价这一术语出现于 20 世纪 70 年代，又称为环境预测评价或环境事前影响评价。它要求在人类行动没有改变以前，记录该地区的自然环境现状，预测它将产生的变化，并对预测的结果进行评价。

把环境影响评价工作纳入国家法律的第一个国家是美国。美国在 1970 年 1 月 1 日批准《国家环境政策法》以后，才正式建立了环境影响评价制度。后来，瑞典、澳大利亚、法国、新西兰、加拿大也相继推行环境影响评价制度。日本从 70 年代开始首先在某些部门和地区试行，直到 1981 年 4 月经由日本内阁会议通过了《环境影响评价法案》后，才在全国实行这

项制度。

但早在 1930 年开始,在美国,重大工程影响的评价工作开始包括生物评价。如美国渔业和野生动物管理部门对提出的水利工程将如何影响生物资源(鱼和野生生物)提出意见。但早期的生物评价强调以人类为中心的原则,重点放在具有商业价值或具有狩猎、钓鱼这样娱乐性的特种鱼类和野生生物上,而忽视了生物系统的完整性和稳定性。

1949 年,利奥波德认为,人是生物群落的一个成员,而不是与别种生物分离开来的外来分子,应通过了解人类活动是如何影响生物群落,从而对人类活动加以调节,并对生物群落加以管护。并认为所有生物种类对生物体系的正常运行都有潜在的重要性,从经济的角度评价某项活动的做法是目光短浅的。但直到 70 年代,这种观点才被广泛接受。由此看来,环境影响的生物评价工作可分为两个方面。一是以资源为出发点,把生物评价的重点放在对人类有直接价值的单个物种上;另一是尝试以生物体系为出发点,强调整个生态体系的结构、功能和长期稳定性等。这两个方面在政府的土地利用和基础设施建设的有关政策中都要加以考虑。

我国的环境影响评价制度是在 1979 年颁布了《中华人民共和国环境保护法(试行)》后才建立的。据此,1981 年 5 月国务院有关部门颁发了《基本建设项目环境保护管理办法》。经过重新修订,又于 1986 年 3 月颁发了〈建设项目环境保护管理办法〉。这些文件对环境影响的评价范围、内容、程序、审批权限和法律责任等都做了具体规定。我国的建设项目环境管理程序是通过法律规定而纳入到基本建设程序中,并对项目实行统一管理的,如在《环境保护法》中明确了把环境保护部门审批环境影响报告这个程序.作为建设项目的决策与设计的约束条件,使项目的基建程序与环境管理程序紧密地联系在一起;同时还规定了环境影响报告书必须在批准项目设计任务书之前完成。

但在我国环境影响评价还面临一些问题,突出的表现在:

(1)环境影响评价内容过窄,很少涉及环境影响的生态评价。我国当前的影响评价主要偏重评价环境污染和治理对策措施、、按照世界各国通用的环境内涵,环境应包括自然环境(水、大气等)、生态环境(动物、植物等)、社会环境(工农业、供水、交通、第三产业等)和生活质量环境(美学、人文、旅游、健康等)等。对后 3 个方面的评价工作还比较薄弱。

(2)对大面积的森林开发和垦殖的环境影响评价工作仅仅是开始。如新疆阿尔泰林业局变为森工企业.全面开发阿尔泰山林区的环境影响评价工作,虽然做得较好,但因缺乏统一的方法,一切只能在摸索中进行,工作量很大,花费的时间较长。众所周知,大面积的森林开发和垦殖对环境造成的影响是十分巨大的,必须通过环境影响评价弄清对自然生态环境所造成的影响,经论证后找到切实可行的减轻影响的补救措施.

(3)对农、林、水等生态影响较大的建设项目如何进行环境影响评价,尚缺乏指标体系。

(4)环境影响评价内容、技术方法和主要对象尚没有统一的技术规范。现在的做法是靠评价大纲的编制单位根据经验与习惯做法,在大纲中加以论述,说明哪个环境因子为主,哪些内容为重点,然后召开专家会议审查,听取专家意见,最后由环境管理部门提出审批意见,批准实施。一般地说,这一过程较切合实际情况,但是缺乏统一性。

（5）环境影响评价往往跟不上建设项目可行性研究进度,一般都表现为滞后。

（6）20世纪80年代以来,大量乡镇企业和个体工商企业的建设项目上马,但建设项目的环境影响评价与管理十分薄弱,有的根本没有评价。因此,造成淮河、太湖流域、辽河流域等的严重污染,林区开设的采矿、淘金等的一些建设项目对生态环境造成了严重破坏。

二、环境质量影响的生态评价方法

生态影响评价正处于研究和探索阶段,许多评价方法还有待发展和完善。以下介绍几种常用的一般方法。

（一）类比分析法

类比法是一种常用的定性和半定量评价方法,一般有生态环境整体类比、生态因子类比、生态环境问题类比等。

类比分析常用于生态环境影响评价。它是根据已有的开发建设活动对生态环境产生的影响,来分析或预测进行的开发建设活动可能产生的生态环境影响。选择好类比对象,是进行类比分析或预测评价的基础,也是该法成败的关键。

类比对象的选择条件是:工程性质、工艺和规模基本相当,生态环境条件（地理、地质、气候、生物因素等）基本相似,所产生的影响也有相似性。

类比对象确定后,需要选择和确定类比因子及指标,并对类比对象开展调查与评价,再分析拟建项目与类比对象的差异。根据类比对象与拟建项目的比较,做出类比分析结论。

类比分析法的程序如下:①进行生态环境影响识别和评价因子筛选;②将原始生态系统作类比对象,评价生态环境的质量;③进行生态环境影响的定性分析与评价;④进行某一个或几个生态环境因子的影响评价;⑤预测生态环境问题的发生与发展趋势及其危害;⑥确定环境保护目标,并寻求最有效的、可行的环境保护措施方案。

（二）列表清单法

列表清单法是利特尔等人于1971年提出的一种定性分析方法。该法特点是简单明了,针对性强。

列表清单法的基本做法是:将拟实施的开发建设活动的影响因子与可能受影响的环境因子,分别列在同一张表格的行与列内,逐点进行分析,并以正负号、数字、其他符号表示影响的性质、强度等,由此分析开发建设活动的生态环境影响。

列表清单法的程序是:①用于影响识别和评价因子筛选;②进行生态因子相关性分析（行、列均为生态因子）;③分析开发建设活动对生态环境因子的影响。

（三）生态图法

生态图法,即图形叠置法,是把两个以上的生态信息叠合到一张图上,构成复合图,用以表示生态环境变化的方向和程度。该方法的特点是直观、形象,简单明了,但不能作精确的定量评价指标。生态图主要用于区域环境影响评价,或用于具有区域性影响的特大型建设项目评价中,如大型水利枢纽工程,新能源基地建设等,以及用于土地利用规划和农业开发规划中。编制生态图又有两种方法即指标法和叠图法。

1. 指标法

①确定评价区域范围;②进行生态调查,收集评价范围与周边地区自然的和生态的信息,同时收集社会经济和环境污染及环境质量信息;③进行影响识别和筛选拟评价因子,其中包括识别和分析主要生态环境问题;④研究拟评价生态系统或生态因子的地域变异特点和规律,对拟评价的生态系统、生态因子或生态环境问题建立表征其特性的指标体系,并通过定性分析和定量方法对指标赋值或分级,再依据指标值进行区域划分;⑤将上述区划信息绘制在生态图上。

2. 盖图法

①用透明纸作底图,底图范围略大于评价范围;②在底图上描绘生态环境主要影响因子信息,如植被覆盖度、动物分布、河流水系、土地利用和特别保护目标等等;③进行影响识别和筛选评价因子;④绘制拟评价因子影响程度透明图,并用不同颜色和色度表示影响的性质和程度;⑤将影响因子图和底图叠加,得到生态环境影响评价图。

在计算机上进行生态叠图,不仅省工省力,而且可得到直观的动态变化显示。

(四)指数法与综合指数法

在环境影响评价中,指数法是规定采用的评价方法,同样可适用于环境影响的生态评价中。指数法简明扼要,且符合人们所熟悉的环境污染影响评价思路,但困难在于需明确建立表征生态质量的标准体系,而且难于赋权和准确定量。指数法可用于生态因子单因子质量评价,多个生态因子综合质量评价或生态系统功能等评价。

应用该方法的程序是:

(1)分析、研究评价的生态因子性质及变化规律。

(2)建立反映各生态因子特征的指标体系。

(3)确定评价标准。

(4)建立评价函数曲线,将评价的环境因子的现状值(开发建设活动前)与预测值(开发建设活动后)转换为统一的无量纲的环境质量标准,用 1~0 表示优劣(如"1"表示最佳的、顶级的、原始或人类干预甚少的生态环境状况,"0"表示最差的、极度破坏的、几乎非生物性的生态环境状况,如沙漠)。

(5)根据各评价因子的相对重要性赋予权重。

(五)景观生态学方法

应用景观生态学方法的生态评价包括两个方面:一是空间结构分析,二是功能与稳定性分析。这种评价方法可体现生态系统结构与功能匹配一致的原则。

从景观的空间结构来看,景观由拼块、模地和廊道组成。其中,模地是一个景观的背景地块,也是一种可以控制环境质量的组分。因此,模地的判定是空间结构分析的重点。模地的判定有3个标准:相对面积大、连通程度高、具有动态控制功能。模地的判定多借用群落生态学中计算重要值的方法。拼块的表征,一是多样性指数,另一是优势度指数。

景观的功能和稳定性分析包括:组成因子的生态适宜性分析;生物的恢复能力分析;系统的抗干扰能力或抗退化能力分析;种群源的持久性和可达性分析(能流是否畅通无阻,物流能是否畅通和循环);景观开发性分析(与周边生态系统的交通渠道是否畅通)等。

该方法可应用于区域生态环境影响评价、特大型建设项目环境影响评价、景观资源评价,以及城市和区域土地利用规划与功能区划等。

(六)生态系统综合评价方法

生态系统是由多因子(生物因子和非生物因子)组成的多层次的复杂体系和开放系统,采用定性与定量相结合的方法认识和评价这样的复杂系统,是目前最常见的评价方法,即所谓层次分析法。可应用于评价区域性生态环境总质量及其变化、区域生态环境功能区划、大中型建设项目的生态环境影响评价、自然保护区质量评价、社会经济环境综合决策分析等。

层次分析法(AHP法)是一种对复杂现象的决策思维过程进行系统化、模型化、数量化的方法,所以又称多层次权重分析决策法。应用该方法的程序如下:

(1)明确问题即确定评价范围和评价目的、对象;进行影响识别和评价因子筛选,确定评价内容或因子;进行生态因子相关性分析,明确各因子之间的相互关系。

(2)建立层次结构根据对评价系统的初步分析,将评价系统按其组成层次,建成一个树状层次结构。在层次分析中,一般可分为3层次,即目标层、指标层、策略层。

目标层:又可分为总目标层和分目标层。在区域生态环境质量评价中,社会——经济——自然复合生态系统可作为总目标层;生态环境分解为自然生态环境和社会生态环境两个系统,并以一定的指数表达,可作为分目标层。

指标层:由可直接度量的指标组成,如大气二氧化碳浓度、土地的生物生产力、植被覆盖率等。有些生态因子的表征指数比较复杂,可能由若干因子组成,所以指标层也包括分指标层。例如,土壤是一个重要的生态因子,是评价生态系统质地中的一个重要指标,但土壤可用 pH 值、污染指数、有机质含量、氮磷钾含量(肥力指标)、土壤容重、团粒结构、抗侵蚀能力、渗透性等多个分指标表征,其本身实际上可构成一个层次分析结构体系。

策略层:对每一个指标的变化和发展都会有不同的发展方向和策略方案,即具有不同的可供选择的后果和对策措施。

(3)标度在进行多因素、多目标的生态环境评价中,既有定性因素,又有定量因素,还有很多模糊因素,各因素的重要度不同,联系程度各异。针对这些特点,层次分析法的重要度定义如下:第一,以相对比较为主,并将标度分为 1,3,5,7,9 共 5 个,而将 2,4,6,8 作为两标度之间中间值;第二,遵循一致性原则,即当 C1 比 C2 重要、C2 比 C3 重要,则 C1 一定比

C3 重要。

（4）构造判断矩阵在每一层次上，按照上一层次的对应准则要求，对该层次的元素（指标）进行逐对比较，依照规定的标度定量化后，写成矩阵形式，即为判别矩阵。构造判别矩阵可通过专家讨论确定，或专家调查确定。

（5）层次排序计算和一致性检验—权重计算排序计算的实质是计算判别矩阵的最大特征根及相应的特征向量。此外，在构造判别矩阵时，因专家在认识上的不一致，必须考虑层次分析所得结果是否基本合理，须对判别矩阵进行一致性检验后得到的结果即认为是可行的。

（6）选择评价标准通过上述 5 个步骤确定了区域生态系统综合评价的指标体系、层次结构及各层次间的权重，接着应确定相应的评价指标体系。评价标准有些可根据国家颁布的标准，如地面水质标准、渔业水质标准、农田水质标准、空气质量标准等；有些标准则须经专家研究确定，如自然生态体系的标准等。

（七）其他评价方法

针对生态环境的不同特点与属性，或者针对不同的评价问题，不同专家从各自的专长出发，探索和应用了多种多样的方法。

1. 多因子数量分析法

生态环境在一定时间、一定范围所发生的变化，是由各生态因子的变化和状态所决定，所以，可通过测定各生态因子的变化趋势，进行生态因子相关性分析和主分量分析，进而进行生态环境变化的趋势分析。有人以此方法分析了在采取乔灌草结合的治沙措施后，沙漠化土地逆转过程中生态环境的相应变化。

2. 回归分析法

回归分析法是研究两个及两个以上变量之间相互关系的一种统计分析方法。回归分析的变量中有一个是因变量，其余是自变量，通过监测或观测数据来寻找自变量和因变量之间的统计关系。

统计分析一般包括确定变量之间的回归方程；对回归方程是否合适进行统计检验；当有多个自变量时需要进行选择以确定具有显著影响的变量和进行预报等几个步骤。

生态影响评价中，需要采用多元线性回归分析法，而且除部分问题属于线性关系外，大部分问题实质上是非线性的，因而或者需将问题简化为线性处理，或者需进行多元线性模型分析。

3. 解决特殊问题的数学方法

相关分析法，可分析生态因子间的相互关系和重要度。

主成分分析法，可分析生态环境的主要影响因子或主要问题等。

聚类分析法进行各因子亲疏关系分析，可用于进行生态区划等。

4. 系统分析方法

对于多目标的动态性问题,可采用系统分析法进行评价。如可将系统动力学方法、模糊综合评判法、灰色关联分析等方法,应用于生态影响评价。

环境影响的生态评价方法正处在发展时期,上述方法各有其特点。无论采用何种方法,其可靠性最终取决于对生态环境和生态系统的全面认识和深刻理解。获取可靠的数据,仔细分析生态环境的特点、本质和各要素之间的内在联系,是评价成功的关键。

三、环境影响的生态评价内容与程序

建设项目对周围地区生态系统的影响,目前多限于对某些生物种群影响的分析,尚缺乏对整个生态系统影响的全面综合分析。

(一)环境影响的生物评价

生物评价的一般内容和程序如下。

1. 确定项目或工程的细节

比如,假设计划中的水坝工程要求改变现有一条车道的路线。对设计这个水坝的工程师来说,主要关心的问题是坝的位置和水库的蓄水能力。也许直到设计的最后,才确定道路改线的方案。但是,对生物学家而言,开辟新道路的影响(特别是经过未开发的土地)与坝和水库的影响同样重要。

一般地,生物学家对工程的附属设施和建设方法与对工程主体一样重视。例如,在架设输电线时,对生物影响最大的并不是输电线本身,而是架线时利用附近的道路。在修建工程时,筑路取土以及路面平整的过程能够明显地影响生物群落。所以,与附属设施和其他作业有关的细节应特别注意。

2. 确定有关的生物学问题

影响评价要集中在有限的关键问题上,可根据 3 个方面的内容来定。一是包括在法律、计划和政策文件中的有关信息,它指明了某些特别的生物资源的重要性,如濒危物种或国家保护物种名录,以及特殊的生态系统类型等;二是与地方官员、保护组织代表、当地居民、渔业和野生生物保护和管理机构人员等座谈,了解社会反映,以研究重大影响的评价问题;三是由生物学理论和知识所作的科学判断。例如,尽管某一物种既没有受到法律保护,也不受本地居民的重视,但生物学家可能认为评价对这一物种的影响很重要。在美国新泽西州,开展控制蚊虫的化学药剂对沼泽地生态系统的生物影响评价过程中,通过精心研究,发现两种特殊草种的不利影响将严重干扰整个盐土沼泽生态系统的功能。

3. 对研究区域的生态系统编目

由于时间和经费的限制,不可能进行大规模的实地调查,所以,要明确所需要并收集的资料,如当地以往动植物资源的调查报告和有关的生物调查的文章。也可通过访问当地的专家和有经验者获取有关编目的资料。国家有关部门拍摄的航片、卫片也是有用的资料。

编目的目的是掌握生态系统的特征，所以还必须到计划项目或工程现场进行实地的考察。对于一般的小型工程，通常花几天时间在研究区域观察重要的生境和自然过程。如果收集到的资料不充分，还要进行更广泛的实地调查，可能包括系统地鉴别群落类型、濒危物种、鱼和野生生物生境，以及研究当地生态系统的结构和功能特征。也可能需要实地调查来判读敏感手段得到的信息。

4. 预测生物影响

在预测工程或项目的生物影响时，生物学家和其他环境科技专家一样，通常依靠自身的专业判断能力，包括所受的教育和掌握的专门科学技术知识及以往的经验。预测时，还需要专家们相互合作，发挥集体智慧的作用。

沃德认为，如果除了直观判断和推理之外，对那些受到干扰的生态系统采取系统的观察方法，那么就能极大地改善他们的预测能力。例如，沃德及合作者在预测杀蚊剂对美国新泽西州盐土沼泽生态系统时，就证实了上面的观点，其所采用过方法有：

（1）比较分析法找出杀虫剂处理过的盐土沼泽地并查看它们与未处理过的沼泽地的差别。

（2）监测方法研究新泽西州蚊子控制委员会已决定用杀虫剂处理的盐土沼泽地，并与未处理的沼泽地比较。

（3）控制实验法将一定剂量的杀虫剂用在现有盐土沼泽地的一小块区域上，并与其较大的该沼泽地未处理区域对比。

此外，生态系统的数学模型则提供了另一种预测方法。但这种数学模型的建立和检验需要大量的实际观测数据，而且必须在对生态系统充分了解的基础上，才能成功地运用。

5. 评价生物学影响

评价因子的选择可根据上面提到的有关评价资料来确定，即与生物学有关的问题。但生物学家主要从生物学角度来考虑，而难以对生态系统特征改变的社会意义做出有价值的评价。例如，生物学评价着重于过度放牧对牧场长期生产率的不利影响。但是，从社会经济的观点，生物学本身并不能确定生产率的减低的社会影响是好还是坏。

6. 对决策过程施加影响

生物影响评价能以几种方式影响工程规划。在工程或项目规划早期，所进行评价的结果，可能会是建议取消或改变工程或项目。如我国已准备立法扩大环境影响评价的范围，即对规划、政策本身等进行环境影响评价。如果是已投入了大量的经费进行规划之后，才进行评价，其结果可能是只对工程规划进行修改，并采取一些防范措施。例如，计划中的水库工程可能使钓鱼活动和野生生物生境受到影响或毁坏，可通过提供鱼苗、多孵卵站以及购置和保护与受损害的生境相似的生境来减少损失。其他防范或补救措施包括建筑顺序、在建筑工程中采取控制侵蚀的措施以及工程完成后对受影响地区进行绿化等等。设法减少不利影响也反应在工程作业上，例如在石油总站采取的专门作业法以减少溢油发生的可能。

（二）区域生态环境影响评价

区域是由经济社会和环境诸多因子组成的多层次、多功能的复合生态系统。它是某个地区或特定地域的一种泛称，其面积可大到数个国家，如东北亚区域，也可小到一个流域或只有几个平方公里的具有特殊功能的地域，如经济开发区等。区域环境影响评价是在按自然地理单元或社会经济单元划定的地域内，从资源、环境质量、社会发展诸方面，分析论证该地域经济发展规划和拟开发建设活动的合理性和可行性。通过提出功能区划、生态保护对策、污染物总量控制及集中治理方案，努力使区域开发建设活动与资源合理利用、环境质量的保护和改善相适应，促进区域可持续发展。

区域生态环境影响评价的基本程序和内容分为以下几个方面：

1. 确定评价整体框架

根据评价任务，进行信息收集和初步现场调查，识别环境影响和环境问题，确定评价的主要对象、评价范围和内容，明确评价目的，确立评价标准和环境保护目标，在此基础上确定工作的整体框架和编制环境评价工作大纲。

2. 区域生态环境调查

（1）自然系统调查内容包括地理（地形、地质）、水与水资源（水文、水质等）、植被（分布、类型、覆盖率、珍稀植物与分布区、建群种和优势种、资源利用等）、动物（种群、分布、适应性、资源动物及其利用等）、气候、土壤、土地资源、矿产资源、特殊或稀有资源，区域特殊生态系统、特殊生境或敏感生态环境保护目标，区域生态环境问题（如水土流失、沙漠化、盐碱化、水资源缺乏等）、区域自然灾害（如台风、洪涝、风沙、崩塌、滑坡、泥石流等）、区域污染危害（如污染对水生生物、陆生动植物影响等）、区域生态系统的历史演变（结构和功能的改变等）。既包括现状调查，也包括历史变迁的调查。区域生态调查须重视人类活动与自然长期的相互作用及其后果，包括资源动态（变迁、增减），植被变迁与环境变迁关系，水体与大气污染影响，自然生境与景观破坏及其后果等。

（2）社会系统调查调查对生态环境影响评价有重要作用的社会情况，如人口和人口规划、交通状况、人类聚落、行政管理等。

（3）经济系统调查调查对生态环境影响较大的因素是生产力布局、产业结构和重大开发建设项目、污染物处置以及能流物流强度等。

3. 生态分析与评价

在生态分析的基础上，进行生态功能分区，建立功能区保护目标和确定评价因子与指标。

（1）区域生态系统分析由生态系统结构、生态系统过程和生态系统功能3部分组成。生态系统结构分析包括分析区域生态系统类型、分布和组成特点。生态系统过程分析主要指弄清区域生态系统能流、物流情况，即生态系统运行过程；各生态系统间的相互联系与相互作用；区域内外生态系统的相互关联与作用等。生态系统功能分析主要包括分析各生态系统的资源生产功能和环境功能；分析区域可持续发展的生态环境功能需求以及评价生态系统对这种需求的满足程度，所评价区域在更大区域中的生态环境功能。其他还有区域可持续发展制约因素分析，主要生态问题分析，特殊生态问题分析等。

（2）区域资源态势分析主要内容有分析资源种类、优势、利用合理性、生物和土地生产潜力、特殊或特有资源、区域可持续发展资源供需情况等。

（3）区域生态环境影响分析包括经济系统（含重大工程项目）对环境的影响，社会系统对环境的影响，以及生态因子的相关影响。其步骤和方法一般分为识别社会经济影响因素（对环境有较大影响的开发建设活动）、识别生态影响因子（可能受影响的生态因子）、生态影响矩阵分析（按有利、有害和无影响及不同的影响等级）。

（4）区域社会—自然—经济复合生态系统综合分析以生态环境功能保护为基本出发点，主要内容有：生态环境的人口和经济承载力分析（水资源的可供给量和可利用量、可开发利用土地量、污染承载能力）、土地利用适宜度分析、生态环境与资源的相关性分析、生态环境与社会经济发展的协调性分析、生态环境敏感性分析（如敏感的水源或集水区、水土流失易发地区、受沙漠化威胁地区、严重自然灾害风险地带等）。

4. 区域生态环境功能区划

环境功能区一般可归结为社会系统功能区（如居民区、科教文化区、交通枢纽、文化古迹等）、经济系统功能区（工业区、商贸区等）和生态环境功能区等3个类型。对区域生态环境功能区划起决定作用的是区域的生态环境特征，它是以未来区域可持续发展为目标而进行的土地利用规划和生态环境分类、分区。生态功能区划分如下几类：

（1）重要的资源生产与资源保护区，如农业生产区（基本农田、果园、菜地、鱼塘、养殖区等）、农林牧副业特产地、鱼虾蟹贝类的产卵索饵育肥场、水源保护区（包括水源林和主要集水区）。这是关系到人类生存的资源，应作为优先和强制性的保护对象。

（2）应该保护或保留的自然景观或自然生态系统，如珍惜濒危动植物栖息地或特殊生境、自然荒地、自然保护区、滩涂与湿地、原始森林、珊瑚礁、红树林等，作物种质保护地、自然地理和地质遗迹等。

（3）为防止污染和自然灾害、维护区域环境和经济社会稳定的人工或自然生态系统，如防护林带与防风林带、绿色隔离带、城市绿地与绿化带、公园、风景旅游区、地质灾害防护区、防洪排涝区（行洪河道）等。

（4）为消除区域社会经济活动产生的废水、固体废物而设立的污水处理厂、纳污水域、垃圾填埋场等环境功能区。

生态功能区应有明确的界域和明确的功能目标或指标，并应有责权归属和明确的保护管理制度。生态功能区应列入区域环境规划中，经审定以法律的形式固定下来。功能区的变更应进行影响评价，并遵循相应的法律程序。

5. 区域生态环境影响预测与评价

区域的生态环境影响预测，主要是针对土地利用规划进行的。其影响因素分析既包括拟建工程,亦包括区域已建、在建工程和其他社会、经济因素。

区域生态环境影响预测须考虑区域开发建设的滚动发展性质和不确定性较大的特点,并从影响因素、影响对象和影响后果等全过程考虑。设定的各类开发区,一般已确定了区域的性质或开发方向(工业、商贸或旅游、农业),其中已完成规划的其影响因素基本是明确的,只需要根据新的发展形势考虑其可能的变动;未完成发展规划的,则需根据其开发意向,通过系统分析或类比调查,预测其可能的开发建设规模、强度,据此进行生态环境影响预测。

许多建设项目向一定的区域集中,最终将造成区域的城市化。这类区域的影响因素可通过类比调查确定。这类区域生态环境影响评价的重点不是自然生态环境,而是按城市生态保护与建设的要求进行人工生态环境的设计,满足城市可持续发展的要求,其保护的重点是人体健康和保护较清洁、舒适优美的生活环境,同时重视一些生态目标的保护。

区域生态环境影响预测应考虑多个方面的内容,一般采用定性分析与定量分析相结合的方法进行。

6. 区域生态环境保护方案与措施

编制区域生态环境保护方案的原则要求是:根据区域可持续发展要求,区域生态环境保护应从满足未来长期稳定发展的需求着眼,重点放在可再生资源的持续利用和整个生态系统完整性与生物多样性保护上,同时应满足社会不断发展、人民生活不断提高对环境质量的需求;要全面贯彻国家关于资源和环境的保护政策与法规,以及可持续发展战略和思想;还要注意协调各方面的矛盾和利益,并根据区域环境特点和开发建设活动特点进行管理,建立完善的管理体系;另外,方案与措施既要对关系到区域可持续发展的生态环境功能实行坚决的保护,又要适应不断变动的开发建设活动对环境的需求和冲击,即留有余地和弹性空间。

区域生态环境保护方案的基本内容是:①提出区域资源环境管理的政策性建议,包括资源利用政策、环境管理政策、区域产业政策、区域规划方案、区域环保工程筹资政策等;②提出管理方案,内容为管理机构设置及其责权鉴别、人员配置及其素质要求、管理制度建设、环境与资源监测控制与管理计划;③提出功能分区方案,明确界域和目标,建立缓冲区或隔离带,指出各功能区管理的不同要求;④提出生态工程建设方案,根据区域生态环境特点和可持续发展的要求,提出保护与改善区域生态环境的生态工程建设方案,如风景名胜区建设工程、自然生态景观保护工程、城市公园和绿地建设方案、绿化方案、自然灾害防护工程(含陡坡绿化、封禁、防护林建设、护岸护坡等)、水源地建设与水源林建设工程、农田防护林体系建设工程、台风防风林带、荒瘠地或山地绿化工程、各种鸟兽虫鱼保护地与保护区建设工程、污染隔离带建设工程等等。

在措施方案的技术经济论证过程中,要继续优化和落实有关的措施。论证的主要内容是生态环境保护措施的投资需求(投资额、投资方向、投资期等)和投资效益,主要是投资的生态环境功能保护与提高的效益,包括直接对经济社会保护效益和间接的经济社会保障效益。